应用技术型本科院校机电类专业"十三五"系列规划教材

Pro/E项目式综合训练教程

Pro/E XIANGMUSHI ZONGHE XUNLIAN JIAOCHENG

主 编 胡郑重

U0295733

合肥工业大学出版社

内容提要

本书以项目化教学的基本思路编写,以广泛使用的 Pro/ENGINEER Wildfire 5.0 为介绍对象。全书以单级圆柱直齿轮减速箱的设计为实例,一共 28 个项目(项目 1:下箱体设计、项目 2:上箱盖设计、项目 3:齿轮设计、项目 4:轴设计……项目 27:大/小密封环设计、项目 28:减速箱装配设计),内容涵盖 Pro/ENGI-NEER 系统的基本操作、草图设计及基准特征的建立、零件设计、特征的编辑及操作、曲面设计、装配设计、工程图、模具设计、数控加工等。通过各种任务将 Pro/ENGINEER 常用的基本指令贯穿在一起,突出了实用性和可操作性。书中任务的示范性强,读者按照各个任务中的步骤进行操作,即可绘制出相应的图形。

本书可作为本科、高职高专院校相关课程的教材,也还可作为工程技术人员的参考资料。

图书在版编目(CIP)数据

Pro/E 项目式综合训练教程/胡郑重主编 . —合肥:合肥工业大学出版社,2017.1
ISBN 978 - 7 - 5650 - 3195 - 3

Ⅰ.①P…　Ⅱ.①胡…　Ⅲ.①机械设计—计算机辅助设计—应用软件—教材
Ⅳ.①TH122

中国版本图书馆 CIP 数据核字(2017)第 002023 号

Pro/E 项目式综合训练教程

| 主　编　胡郑重 | 责任编辑　马成勋 |

出　版	合肥工业大学出版社	版　次	2017 年 1 月第 1 版
地　址	合肥市屯溪路 193 号	印　次	2017 年 1 月第 1 次印刷
邮　编	230009	开　本	787 毫米×1092 毫米　1/16
电　话	理工教材编辑部:0551 - 62903200	印　张	7.75
	市 场 营 销 部:0551 - 62903198	字　数	192 千字
网　址	www.hfutpress.com.cn	印　刷	合肥星光印务有限责任公司
E-mail	hfutpress@163.com	发　行	全国新华书店

ISBN 978 - 7 - 5650 - 3195 - 3　　　　　　　　定价:20.00 元

如果有影响阅读的印装质量问题,请与出版社市场营销部联系调换。

前　言

本书以项目化教学的思路编写,以目前广泛使用的 Pro/ENGINEER Wildfire 5.0 为对象。全书以单级圆柱直齿轮减速箱的设计为实例,一共 28 个项目(项目 1:下箱体设计、项目 2:上箱盖设计、项目 3:齿轮设计、项目 4:轴设计……项目 27:大/小密封环设计、项目 28:减速箱装配设计),内容涵盖 Pro/ENGINEER 系统的基本操作、草图设计及基准特征的建立、零件设计、特征的编辑及操作、曲面设计、装配设计、工程图、模具设计、数控加工等。通过各种任务将 Pro/ENGINEER 常用的基本指令贯穿在一起,突出了实用性和可操作性。书中任务的示范性强,读者按照各个任务中的步骤进行操作,即可绘制相应的图形。

本书由湖北商贸学院胡郑重老师任主编,并由其编写、统稿和定稿。

在编写过程中借鉴了许多优秀教材,参考了大量的文献资料,在此向相关作者致以诚挚的谢意。

由于编者时间、水平有限,书中难免会存在不当和疏漏之处,敬请读者批评指正。

编　者

2017 年 1 月

目　　录

项目 1　下箱体设计

操作步骤：

(1)新建 bottombox. prt 文件

单击"文件"工具栏中的 按钮，或者单击【文件】→【新建】，系统弹出"新建"对话框，输入所需要的文件名"bottombox"，单击【确定】，系统自动进入零件环境。

(2)零件绘制

① 底部连接板的绘制

在特征工具栏中，单击 按钮，进入拉伸特征工具操控面板。选择 Top 平面作为草绘平面，绘制如图 1-1 所示的拉伸截面图（矩形），矩形尺寸为 189×106，坐标原点为矩形的中心。

设拉伸特征的深度选项为，深度值为 13，单击完成特征创建。拉伸参数设置见图 1-2(a)，结果如图 1-2(b)所示。

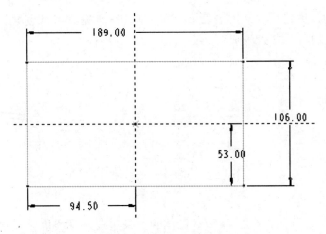

图 1-1　拉伸截面草绘

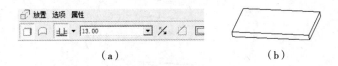

（a）　　　　　　　　　　　　　　（b）

图 1-2　拉伸参数设置和拉伸结果

② 连接板圆角

选择"圆角 "，设置圆角半径为 6，对连接板的 4 个边角进行圆角，结果如图 1-3 所示。

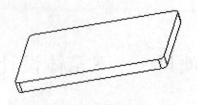

图 1-3　圆角结果

③ 机体绘制

在特征工具栏中，单击 按钮，进入拉伸特征工具操控面板。选择如图 1-4(a)所示平面作为草绘平面，绘制如图 1-4(b)所示的拉伸截面图。

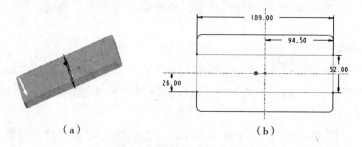

（a）　　　　　　　　（b）

图 1-4　机体草绘

设拉伸特征的深度选项为 ，深度值为 59，单击 完成特征创建。拉伸参数设置见图 1-5(a)，结果如图 1-5(b)所示。

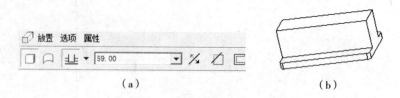

（a）　　　　　　　　（b）

图 1-5　拉伸参数和拉伸结果

④ 机体圆角

选择"圆角 "，设置圆角半径为 2，对机体的 4 条边线进行圆角，结果如图 1-6 所示。

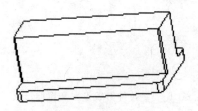

图 1-6　机体圆角结果

⑤ 上下连接板设计

单击 按钮,进入拉伸特征工具操控面板。选择机体顶面[图 1-7(a)灰色面]作为草绘平面,绘制如图 1-7(b)所示的拉伸截面。

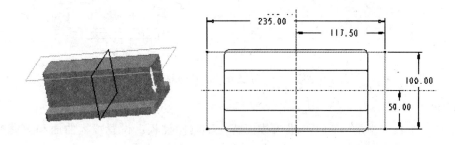

图 1-7　草绘设置和草绘图形

设拉伸特征的深度选项为 ,深度值为 8,单击完成特征创建。拉伸参数设置见图 1-8(a),结果如图 1-8(b)所示。

图 1-8　拉伸设置和拉伸结果

⑥ 上下连接板圆角

选择"圆角 ",设置圆角半径为 26,选择拉伸 4 条边线进行圆角,结果如图 1-9 所示。

⑦ 轴承制作绘制

单击 按钮,进入拉伸特征工具操控面板。选择如图 1-10(a)所示的灰色面为草绘平面,在弹出的草绘设置对话框中设置 1-10(b)中所示的顶面为顶面参考,绘制如图 1-10(c)所示的拉伸截面图。

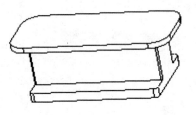

图 1-9　圆角结果

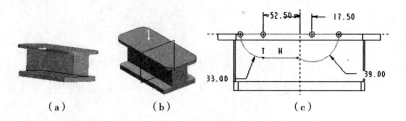

（a）　　　　　（b）　　　　　（c）

图 1-10　草绘设置和草绘图形

设拉伸特征的深度选项为 ,深度值为 27,单击 完成特征创建,拉伸参数设置见图

1-11(a),结果如图1-11(b)所示。

（a）　　　　　　　　　　　　（b）

图 1-11　拉伸设置和拉伸效果

⑧ 拔模绘制

单击特征工具栏中的 按钮,进入拔模特征工具操控板。设置拔模曲面和拔模枢轴如图 1-12 所示,

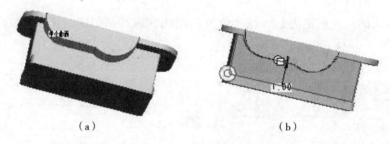

（a）　　　　　　　　　　　　（b）

图 1-12　拔模面设置

设拔模角度为 6 度,调整方向。完成后单击 按钮完成拔模特征创建,如图 1-13 所示。

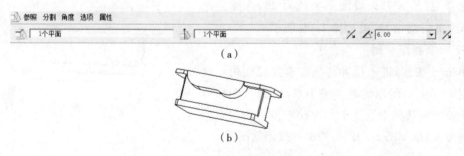

（a）

（b）

图 1-13　拔模设置和拔模结果

⑨ 创建基准平面

单击"基准"工具栏中的 按钮,系统弹出"基准平面"对话框,选择 RIGHT 平面作为参照基准,设置参照类型为【偏移】,距离设置为−17.5。系统生成 DTM1 基准平面。

⑩ 创建筋特征

单击特征工具栏中的 按钮,进入筋特征工具操控板。单击【参照】,进入"参照"上滑面板中。选择 DTM1 平面作为草绘平面,绘制如图 1-15 所示的筋特征截面。

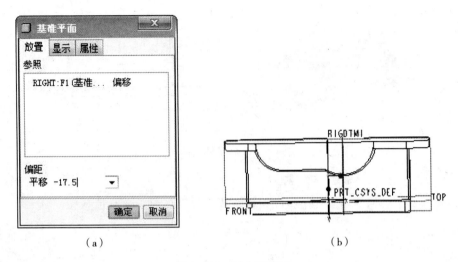

图 1-14　插入基准面

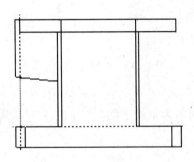

图 1-15　筋的草图绘制

完成后单击✔按钮返回筋特征工具操控板,设置筋特征厚度为8,更改筋两个侧面的厚度选项,直到两侧对称,单击✔按钮完成筋特征创建。设置和结果如图1-16(a),(b)所示。

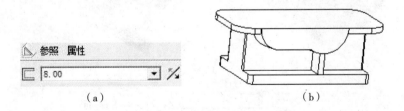

图 1-16　筋生成设置和结果

单击▱按钮,进入拉伸特征工具操控面板。选择图1-17(a)中的灰色面为草绘平面,绘制如图1-17(b)所示的拉伸截面图。

设拉伸特征的深度选项为⊥(到选定的),拉伸参数设置见图1-18(a),选择图1-18(b)所示的平面,单击✔完成特征创建。结果如图1-18(c)所示。

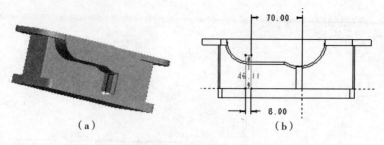

图 1-17 拉伸草绘设置

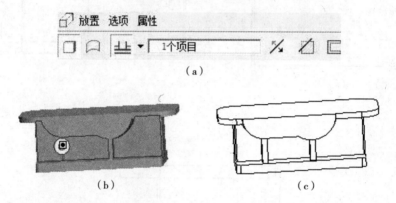

图 1-18 拉伸设置和结果

⑪ 螺栓孔座绘制

选择如图 1-19(a)所示的面为草绘平面,如图 1-19(b)所示的面为右侧参考面,绘制如图 1-19(c)所示的草绘图形。

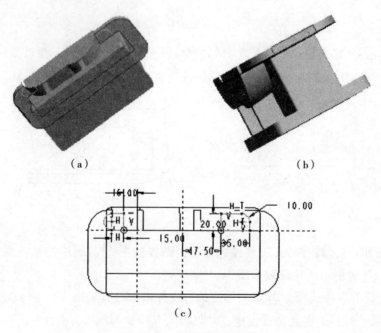

图 1-19 草绘设置和图形

选择拉伸工具，输入拉伸深度为 17，拉伸设置如图 1-20(a)所示，拉伸结果见 1-20(b)所示。

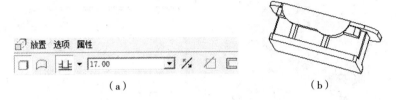

（a）　　　　　　　　　　　（b）

图 1-20 拉伸设置及结果

⑫ 拔模绘制

单击特征工具栏中的按钮，进入拔模特征工具操控面板，设置拔模曲面和拔模枢轴如图 1-21 所示。

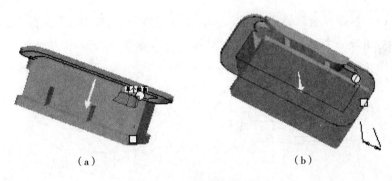

（a）　　　　　　　　　　　（b）

图 1-21 拔模面设置

设置拔模角度为 10 度，调整方向。完成后单击按钮完成拔模特征创建，如图 1-22 所示。

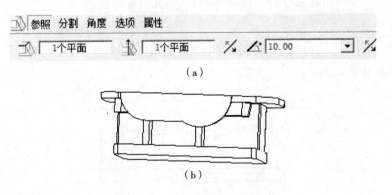

（a）

（b）

图 1-22 拔模设置和拔模结果

⑬ 螺纹孔绘制

单击按钮，进入拉伸特征工具操控面板。选择图 1-23(a)中的灰色面为草绘平面，绘制如图 1-23(b)所示的拉伸截面图。

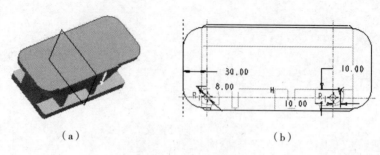

（a） （b）

图 1-23 草绘设置和图形

设置拉伸特征的深度选项为 ⨼，深度值为 25，单击 ✔ 完成特征创建。结果如图 1-24 所示。

按住"shift"键，选择前面完成的⑦⑧⑨⑩⑪⑫⑬特征，右键单击，在弹出的快捷菜单中选择"组"命令，组成一个组，选择该组，选择"镜像)⫶("命令，以 Front 基准面为镜像平面，镜像组，结果如图 1-26 所示。

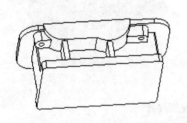
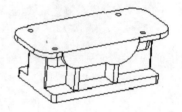

图 1-25 拉伸结果 图 1-26 镜像结果

注意：镜像组时，如有部分特征没有得到镜像，此特征单独画。

⑭ 内腔绘制

单击 ⬚ 按钮，进入拉伸特征工具操控面板。选择 Front 平面作为草绘平面，绘制如图 1-27 所示的拉伸截面图。

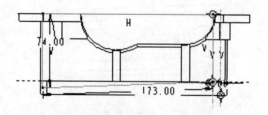

图 1-27 拉伸截面图

设置拉伸特征的深度方式为 ⊟，深度值为 40，选择去除材料 ◿，单击 ✔ 完成特征创建。拉伸参数设置见图 1-28(a)所示，结果如图 1-28(b)所示。

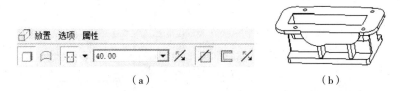

$$(a) \qquad\qquad (b)$$

图 1-28 拉伸参数设置及拉伸结果

⑮ 轴孔绘制

单击 ⬚ 按钮,进入拉伸特征工具操控面板。选择如图 1-29(a)所示平面作为草绘平面,绘制如图 1-29(b)所示的拉伸截面图(两圆与两个轴承支座外圆同心)。

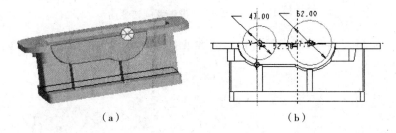

$$(a) \qquad\qquad (b)$$

图 1-28 草绘设置及草图

设置拉伸特征的深度选项为 ﹦﹦,选择"去除材料 ⬚",单击 ✔ 完成特征创建。拉伸参数设置见图 1-29(a),结果如图 1-29(b)所示。

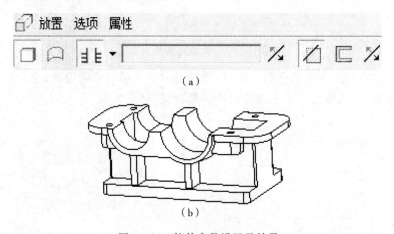

$$(a)$$

$$(b)$$

图 1-29 拉伸参数设置及结果

⑯ 密封环凹槽绘制

选择"旋转工具 ⬚",进入旋转特征操控面板,设置零件顶面(图 1-30(a))为草绘平面,选择"中心线",绘制与大轴承座的轴重合的中心线,绘制旋转截面(4×3 的两个矩形)如图 1-30(b)所示。

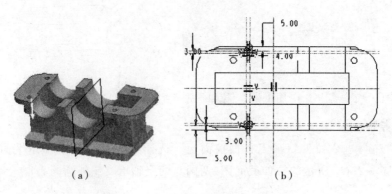

图 1-30　旋转草图设置及旋转截面

设置角度为 360 度,选择"去除材料◻"[参见图 1-31(a)],单击✔完成起初特征,结果如图 1-31(b)所示。

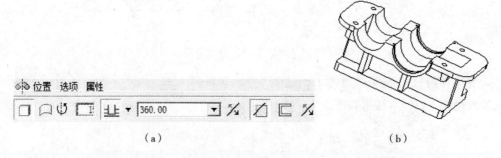

图 1-31　旋转设置及结果

同理绘制另一轴承支座的密封凹槽,选择与上一步相通的草绘设置,绘制如图 1-32(a)所示的草绘图形,使用与上一步相通的旋转切除设置,结果如图 1-32(b)所示。

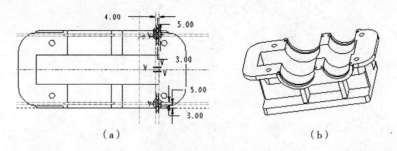

图 1-32　旋转草绘图形,旋转切除结果

⑰ 上下连接孔

选择"草绘",在弹出的设置对话框中设置如图 1-33(a)所示的面为草绘平面,如图 1-33(b)所示的平面为右参考平面,完成草绘设置。

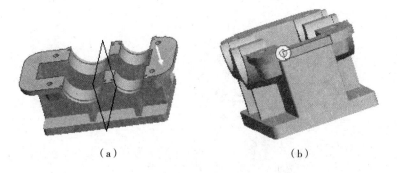

（a）　　　　　　　　　　　　（b）

选择"圆〇"工具，绘制如图 1-34 所示的两个圆，单击"完成草绘✔"。

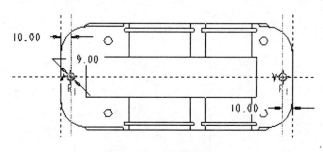

图 1-34　草绘图形

选择"拉伸工具🗗"，在操控面板中设置拉伸方式为"穿透⫴⊫"，选择"去除材料◿"。结果如图 1-35 所示。

（a）　　　　　　　　　　　　（b）

图 1-35　拉伸设置及结果

⑱ 锥销孔绘制

选择"孔⫵"，在操控面板中选择"草绘孔"，单击放置进行参照设置如图 1-36 所示。

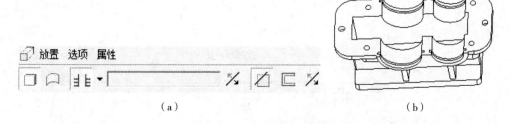

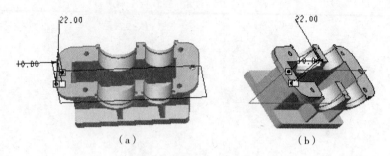

图 1-36 孔参照设置

点击"草绘",进行草绘孔截面如图 1-37 所示,单击"✔"完成孔的绘制。

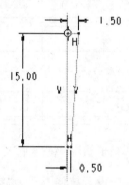

图 1-37 草绘孔截面

同理,设置绘制另一侧的锥销孔,参照设置如图 1-38 所示,孔截面如图 1-39 所示。结果如图 1-39 所示。

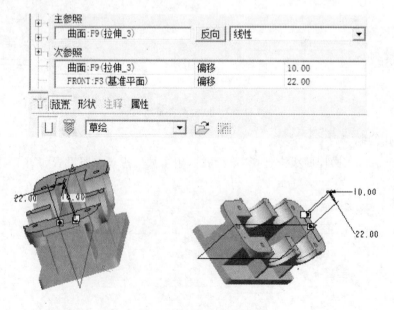

图 1-38 孔参照设置

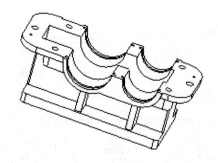

图 1-39 锥销孔结果

⑲ 底座固定沉孔绘制

选择图 1-40(a)中的灰色面作为草绘平面,选择"圆〇",绘制直径为 16 的 4 个圆,尺寸如图 1-40(b)所示。

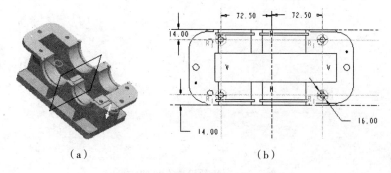

（a）　　　　　　　　　　（b）

图 1-40 草绘设置及草绘图形

选择"拉伸工具▱",设置拉伸高度为 2,选择"去除材料▱"。具体设置如图 1-41(a)所示,结果如图 1-41(b)所示。

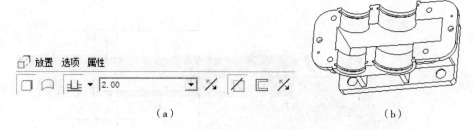

（a）　　　　　　　　　　（b）

图 1-41 拉伸设置和结果

⑳ 通孔绘制

选择沉孔的地面为草绘平面,选择"同心圆◎",绘制与沉孔同心的圆,直径为 9,如图 1-42 所示。

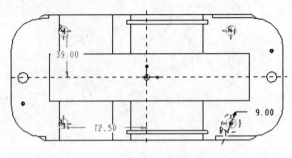

图 1-42 草绘图形

选择"拉伸工具□",设置拉伸方式为"穿透",选择"去除材料□"。具体设置如图 1-43(a)所示,结果如图 1-43(b)所示。

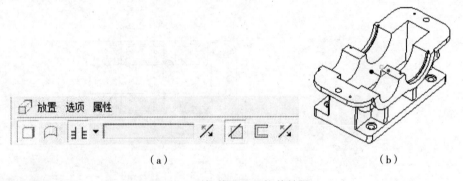

（a）   （b）

图 1-43 拉伸设置及拉伸结果

㉑ 吊耳设计

选择"草绘□",选择图 1-44(a)中的灰色面为草绘平面,绘制如图 1-44(b)所示的草绘图形。

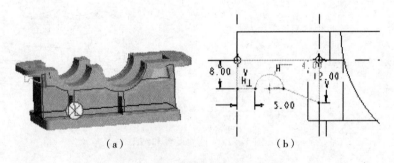

（a）   （b）

图 1-44 草绘设置及草绘图形

选择"拉伸工具□",设置拉伸深度为 6,设置如图 1-45(a),结果如图 1-45(b)所示。

（a）　　　　　　　　　　　（b）

图 1-45　拉伸设置与草绘图形

镜像吊耳：选择吊耳特征，选择"镜像)|("，以 Right 面为镜像面，对特征进行镜像操作。按住 shift，依次选择两个吊耳特征，选择"镜像)|("，以 Front 为镜像面，进行镜像操作，结果如图 1-46 所示。

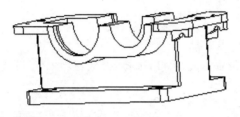

图 1-46　镜像结果

㉒ 油面指示器绘制

选择"草绘 "，选择如图 1-47(a)所示中灰色面为草绘平面，绘制如图 1-47(b)所示的草绘图形。

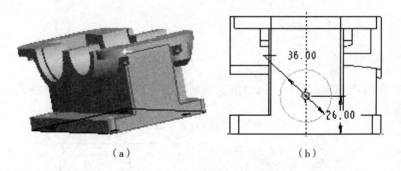

（a）　　　　　　　　　　　（b）

图 1-47　草绘设置和草绘图形

选择"拉伸工具 "，设置拉伸深度为1，设置如图 1-48(a)，结果如图 1-48(b)所示。

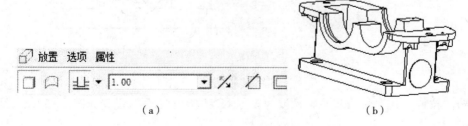

（a）　　　　　　　　　　　（b）

图 1-48　拉伸设置及结果

选择"草绘 ⬚"选择如图 1-49(a)所示的圆端面为草绘平面,选择"同心圆",绘制如图 1-49(b)所示的草绘图形。

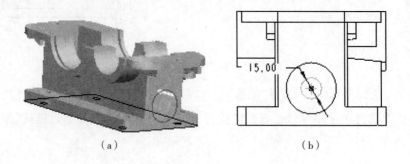

图 1-49　草绘设置和草绘图形

选择"拉伸工具 🗗",设置深度为 11,选择"去除材料 ◿",设置如图 1-50(a)所示,结果见图 1-50(b)。

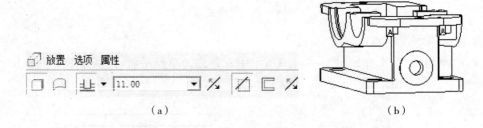

图 1-50　拉伸设置及结果

选择"草绘 ⬚"选择如图 1-51(a)所示的圆端面为草绘平面,绘制如图 1-51(b)所示的草绘图形。

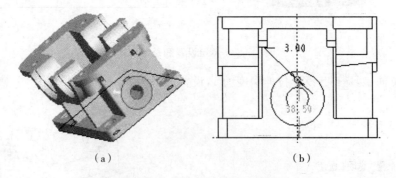

图 1-51　草绘设置和草绘图形

选择"拉伸工具 🗗",设置拉伸深度为 5,选择"去除材料 ◿",设置如图 1-52(a),结果见图 1-52(b)。

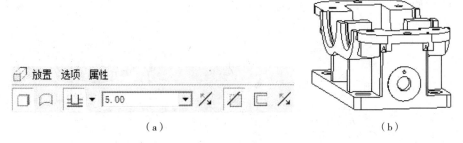

（a）　　　　　　　　　　　　　　　　　（b）

图 1-51　草绘设置和草绘图形

选择上一步的拉伸特征，选择"阵列 ⊞"，在操控面板中选择"轴"，阵列个数为 3 个，阵列角度为 360 度，具体的设置见图 1-53，结果如图 1-54 所示。

图 1-53　圆周阵列设置

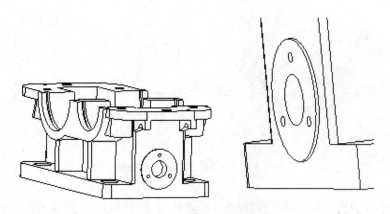

图 1-54　圆周阵列结果

㉓ 换油孔绘制

选择"草绘 ⋙"，选择如图 1-55（a）中灰色面为草绘平面，绘制如图 1-55（b）所示的草绘图形。

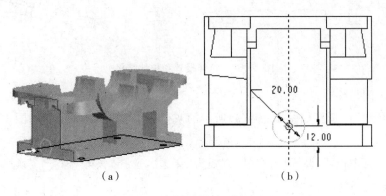

（a）　　　　　　　　　　　　　　（b）

图 1-55　草绘设置和草绘图形

选择"拉伸工具🗗",设置拉伸深度为1,设置如图1-56(a),结果见图1-56(b)。

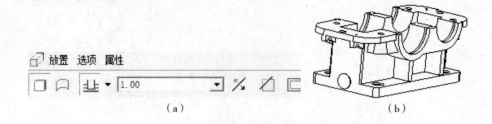

图1-56 拉伸设置和拉伸结果

选择"草绘❀",选择如图1-57(a)所示的圆端面为草绘平面,选择"同心圆",绘制如图1-57(b)所示的草绘图形。

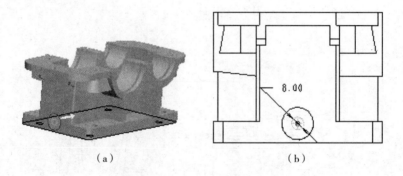

图1-57 草绘设置和草绘图形

选择"拉伸工具🗗",设置拉伸深度为11,选择"去除材料💷",设置如图1-58(a)所示,结果见图1-58(b)。

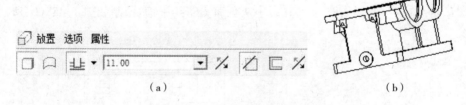

图1-58 拉伸设置和拉伸结果

㉔ 基座中间切除

选择"草绘❀",选择如图1-59(a)所示的灰色面为草绘平面,绘制如图1-59(b)所示的草绘图形。

选择"拉伸工具🗗",设置拉伸深度方式为"穿透",选择"去除材料💷",设置如图1-60(a),结果见图1-60(b)。

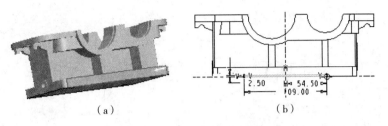

图 1-59　草绘设置和草绘图形

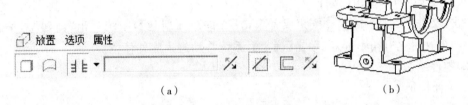

图 1-60　拉伸设置和拉伸结果

㉕ 创建圆角

该实体模型中,需要进行多处倒圆角,绘制铸造圆角,圆角半径为 2,完成倒圆角操作后,减速器下箱体的创建完成,保存"bottombox. prt"文件。结果如图 1-61 所示。

图 1-61　下箱体最终结果

项目2　上箱盖设计

操作步骤：

(1)新建 upperbox. prt 文件

单击"文件"工具栏中的▯按钮或者单击【文件】→【新建】，系统弹出"新建"对话框，输入所需要的文件名"upperbox"，单击【确定】，系统自动进入零件环境。

(2)零件绘制

① 拉伸特征1

在特征工具栏中，单击▱按钮，进入拉伸特征工具操作面板。选择 Top 平面作为草绘平面，绘制如图 2-1 所示的拉伸截面图。

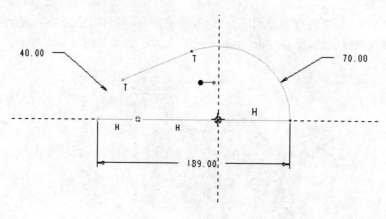

图 2-1　拉伸截面图

设拉伸特征的深度选项为▱，深度值为52，单击✔完成特征创建。拉伸参数设置见图 2-2(a)，结果如图 2-2(b)所示。

（a）　　　　　　　　　　　　　　　　　　　（b）

图 2-2　拉伸设置及结果

② 拉伸特征2

在特征工具栏中，单击▱按钮，进入拉伸特征工具操控面板。选择如图 2-3(a)所示平面作为草绘平面，绘制如图 2-3(b)所示的拉伸截面图。

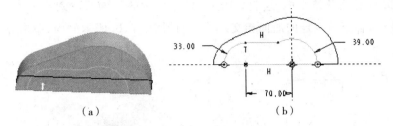

图 2-3　草绘设置和草绘图形

设拉伸特征的深度选项为 ，深度值为 27，单击 完成特征创建。拉伸参数设置见图 2-4(a)，结果如图 2-4(b)所示。

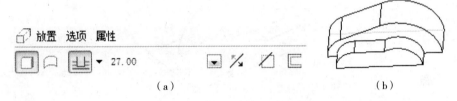

图 2-4　拉伸设置及结果

③ 拉伸特征 2 镜像

选择拉伸特征 2，选择"镜像 "，以 Top 平面作为镜像面，对特征进行镜像，结果如图 2-5 所示。

④ 拉伸特征 3

在特征工具栏中，单击 按钮，进入拉伸特征工具操控面板。

选择"基准平面工具 "，以 Right 平面作为参照，设置偏移距离为 100，得到如图 2-6 所示的基准平面 DTM1。

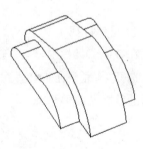

图 2-5　镜像结果

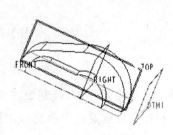

图 2-6　基准平面 DTM1

选择 DTM1 作为草绘平面,绘制如图 2-7(a)所示的拉伸截面图。设置拉伸特征的深度选项为 ⊥(拉伸至与选定的曲面相交),选择如图 2-7(b)所示的面,单击 ✔ 完成特征创建。结果如图 2-8 所示。

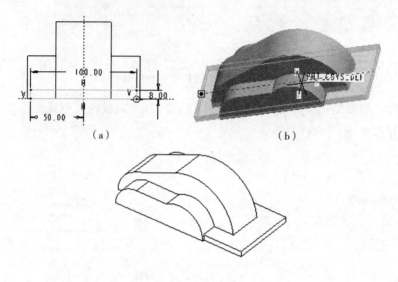

（a）　　　　　　　　　（b）

图 2-8　拉伸结果

⑤ 拉伸特征 4

在特征工具栏中,单击 按钮,进入拉伸特征工具操控面板。

选择"基准平面工具 ▱",以 Right 平面作为参照,设置偏移距离为 135,得到如图 2-9 所示的基准平面 DTM2。

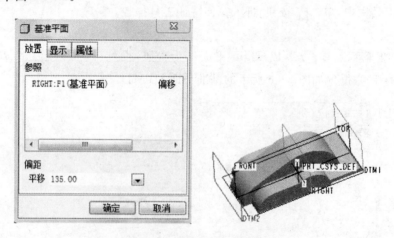

图 2-9　基准平面 DTM2

选择 DTM2 作为草绘平面,绘制如图 2-10(a)所示的拉伸截面图。设置拉伸特征的深度选项为 ⊥(拉伸至与选定曲面相交),选择如图 2-10(b)所示的面,单击 ✔ 完成特征创建,结果如图 2-11 所示。

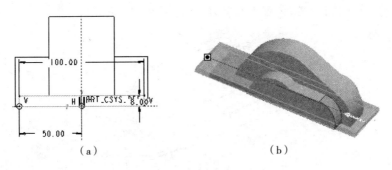

图 2-10 拉伸截面图及拉伸设置

⑥ 倒圆角

选择"圆角 🔘",设置半径为26,选择拉伸特征3和拉伸特征4的边线,圆角结果如图2-12所示。

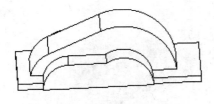

图 2-11 拉伸结果

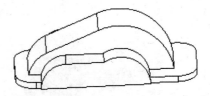

图 2-12 圆角结果

⑦ 拔模创建

选择"拔模工具 🔧",单击如图2-13(a)所示的灰色面作为拔模曲面,然后单击图2-13(b)中的灰色面作为拔模枢轴,设置拔模角度为6度,选择"完成",结果见图2-14。

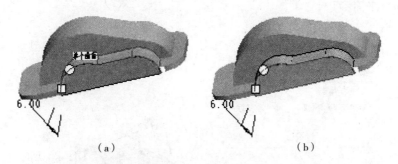

图 2-13 拔模曲面,拔模枢轴设置

图 2-14 拔模结果

同理，对另一侧进行拔模，角度为 6 度，结果如图 2-15 所示。

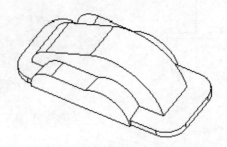

图 2-15　拔模结果

⑧ 筋 1

新建基准轴，选择"基准 ✒"，在弹出的"基准轴"对话框中单击，然后选择如图 2-16 所示的平面，点击"确定"，得到基准轴 A_1。

图 2-16　基准轴 A_1

新建基准平面，选择"基准 ▱"，在弹出的"基准平面"对话框中单击，按住 shift 依次选择 Right 平面和基准轴线 A_1，具体设置如图 2-17(a)所示，单击"确定"，得到如图 2-17(b)所示的基准平面 DTM3。

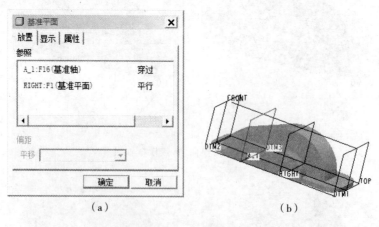

(a)　　　　　　　　　　　　　　(b)

图 2-17　基准平面 DTM3

选择"筋工具 ◹"，进入草绘，设置 DTM3 为草绘平面，绘制如图 2-18(a)所示的草图，单击"完成 ✔"。

在操控面板轴设置筋板的厚度为 8，更改筋生成方式，采用两侧不对称方式，单击"完成✔"，结果见图 2-18(b)。

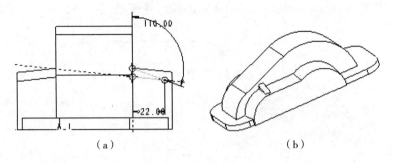

(a)　　　　　　　　　　　　(b)

图 2-18　筋草绘图形和筋 1 结果

⑨ 筋 2

选择"筋工具◢"，进入草绘，设置 Right 面为草绘平面，绘制如图 2-19(a)所示草图，单击"完成✔"。

在操控面板中设置筋板厚度为 8，更改筋生成方式，直到两侧对称方式，单击"完成✔"，结果如图 2-19(b)所示。

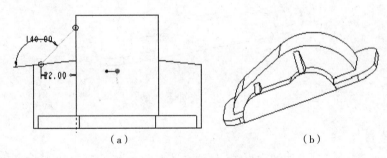

(a)　　　　　　　　　　　　(b)

图 2-19　筋草绘图形和筋 2 结果

⑩ 镜像操作

按住 shift 一次选择筋 1 和筋 2，然后选择"镜像〕〔"，选择 Top 面为镜像平面，单击"完成✔"。结果如图 2-20 所示。

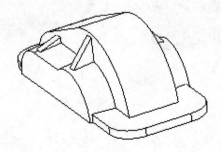

图 2-20　镜像结果

⑪ 拉伸特征 5

在特征工具栏中，单击 <kbd>⬜</kbd> 按钮，进入拉伸特征工具操控面板。选择如图 2-21(a)所示的平面作为草绘平面，绘制如图 2-21(b)所示的拉伸截面图。

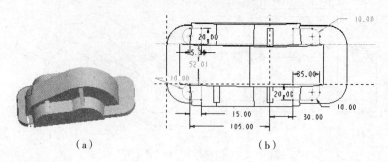

（a）　　　　　　　　（b）

图 2-21　草绘平面设置及草绘图形

在操控面板中设置拉伸高度为 17，单击"完成 ✔"。结果如图 2-22 所示。

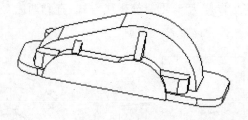

图 2-22　拉伸 5 结果

⑫ 拔模绘制

单击特征工具栏中的 <kbd>⬛</kbd> 按钮，进入拔模特征工具操控板。设置拔模曲面和拔模枢轴如图 2-23 所示。

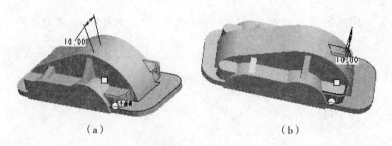

（a）　　　　　　　　（b）

图 2-23　拔模面设置

设拔模角度为 10 度，调整方向。完成后单击 ✔ 按钮完成拔模特征创建，如图 2-24 所示。

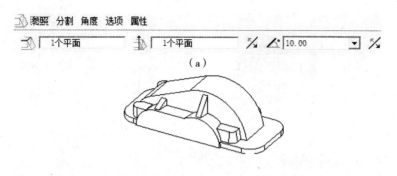

图 2 - 24　拔模结果

⑬ 拉伸特征 6

在特征工具栏中,单击 按钮,进入拉伸特征工具操控面板,选择 Top 平面作为草绘平面,绘制如图 2 - 25 所示的拉伸截面图。

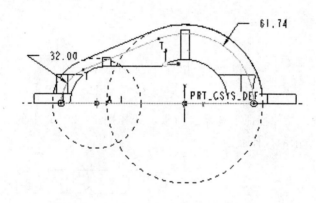

图 2 - 25　拉伸截面图

设置拉伸特征的深度选项为 ,深度值为 40,选择去除材料 ,单击 ✔ 完成特征创建。拉伸参数设置见图 2 - 26(a),结果如图 2 - 26(b)所示。

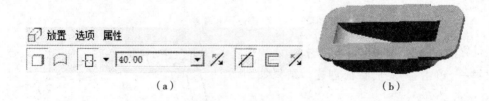

（a）　　　　　　　　　　　　　　　（b）

图 2 - 26　拉伸设置及拉伸结果

⑭ 拉伸特征 7

在特征工具栏中单击 按钮,进入拉伸特征工具操控面板。选择如图 2 - 27(a)所示的平面作为草绘平面,绘制如图 2 - 27(b)所示的拉伸截面图。

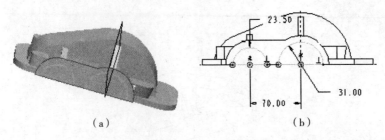

（a）　　　　　　　　　　　　　（b）

图 2-27　草绘设置和草绘图形

拉伸特征的深度选项为 ，选择如图 2-28（a）所示的平面，选择去除材料 ，单击 ✔ 完成特征创建。拉伸结果如图 2-28（b）所示。

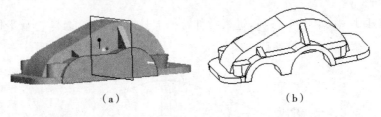

（a）　　　　　　　　　　　　　（b）

图 2-28　拉伸设置及拉伸结果

⑮ 拉伸特征 8

单击 按钮，进入拉伸特征工具操控面板。选择图 2-29（a）中的灰色面为草绘平面，绘制如图 2-29（b）所示的拉伸截面图。

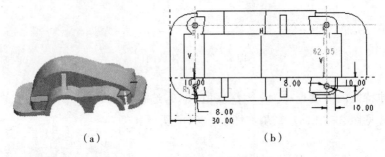

（a）　　　　　　　　　　　　　（b）

图 2-29　草绘设置和草绘图形

设置拉伸特征的深度选项为 ，选择去除材料 ，单击 ✔ 完成特征创建。结果如图 2-30 所示。

⑯ 旋转特征

选择"旋转工具 "，进入旋转特征操控面板，设置零件底面（图 2-31（a）所示）为草绘平面，选择"中心线"，绘制与大轴承座的轴重合的中心线，绘制旋转截面（4×3 的两个矩形）

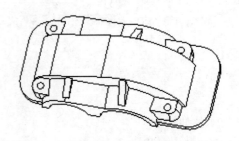

图 2-30　拉伸结果

如图 2-31(b)所示。

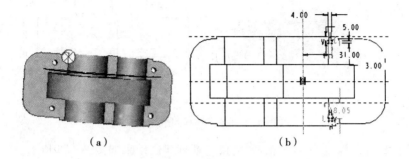

(a)　　　　　　　　　(b)

图 2-31　旋转草图设置及旋转截面

设置角度为 360,选择"去除材料◢"[见图 2-32(a)],单击 ✔ 完成切除特征,结果如图 2-32(b)所示。

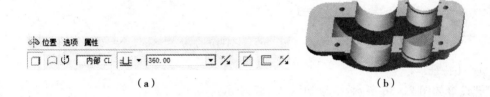

(a)　　　　　　　　　(b)

图 2-32　旋转设置及结果

同理绘制另一轴承之作的凹槽,选择与上一步相同的草绘设置,绘制如图 2-33(a)所示的草绘图形,使用与上一步相同的旋转切除设置,结果如图 2-33(b)所示。

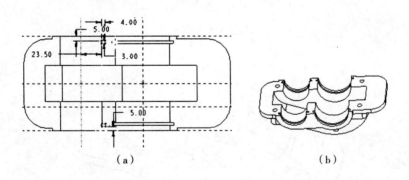

(a)　　　　　　　　　(b)

图 2-33　旋转草图及旋转结果

⑰ 拉伸特征 9

单击 ⬜ 按钮,进入拉伸特征工具操控面板,选择图 2-34(a)中的灰色面为草绘平面,绘制如图 2-34(b)所示的拉伸截面图。

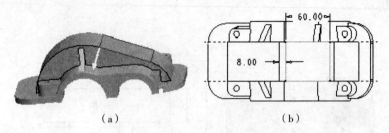

（a）　　　　　　　　　　（b）

图 2-34　草绘设置和草绘图形

设置拉伸特征的深度为 3，单击 ✔ 完成特征创建。结果如图 2-35 所示。

图 2-35　拉伸结果

⑱ 孔特征

孔设置如图 2-36 所示，结果如图 2-37 所示。

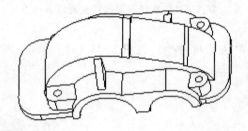

图 2-36　孔设置

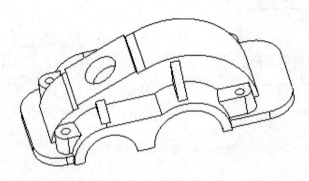

图 2-37　孔结果

⑲ 拉伸特征 10

单击 ⬚ 按钮，进入拉伸特征工具操控面板，选择如图 2-38（a）中的灰色面为草绘截面，绘制如图 2-38(b)所示的拉伸截面图(4×ϕ3)。

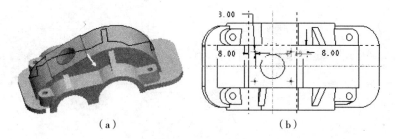

（a）　　　　　　　（b）

图 2-38　草绘设置及草图

设置拉伸深度为 5,单击✔完成特征创建。结果如图 2-39 所示。

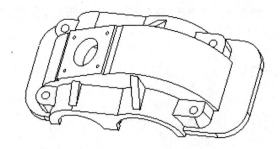

图 2-39　拉伸结果

⑳ 拉伸特征 11

单击▢按钮,进入拉伸特征工具操控面板。选择图 2-40(a)中的灰色面为草绘平面,绘制如图 2-40(b)所示的拉伸截面图(2×ϕ9)。

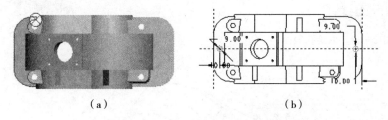

（a）　　　　　　　（b）

图 2-40　草绘设置和草绘图形

设拉伸特征的深度选项为▮▮,选择去除材料◿,单击✔完成特征创建。结果如图 2-41 所示。

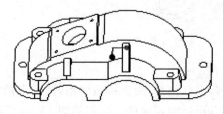

图 2-41　拉伸结果

○21 选择"孔 ⊥⊥",在操控面板中选择"草绘孔",单击放置进行参照设置如图 2-42 所示。

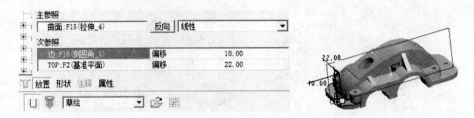

图 2-42 孔参照设置

点击"草绘 ⋈",进行草绘孔截面如图 2-43 所示,点击"✔"完成孔的绘制。

同理,设置绘制另一侧的孔,参照设置如图 2-44 所示,孔截面图 2-43,结果如图 2-45。

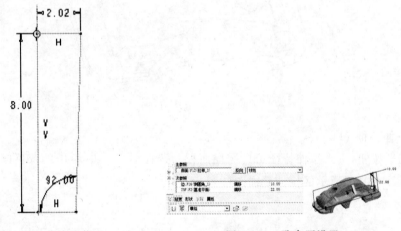

图 2-43 草绘孔截面　　　　图 2-44 孔参照设置

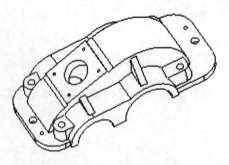

图 2-45 孔结果

○22 创建圆角

该实体模型中,需要进行多处倒角,绘制铸造圆角,圆角半径为 2,完成倒圆角操作后,减速器上箱体创建完成,保存"upperbox"文件。结果如图 2-46 所示。

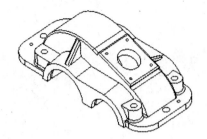

图 2-46　减速器上箱体最终结果

项目3 齿轮设计

操作步骤：

(1)创建新文件

单击"文件"工具栏中的□按钮，或者单击【文件】→【新建】，系统弹出"新建"对话框，输入所需要的文件名"largegear"，单击【确定】，系统自动进入零件环境。

(2)零件绘制

① 旋转1

选择"旋转工具◊/◊"，进入旋转特征操控面板，设置 Top 面为草绘平面，绘制旋转截面如图3-1所示。

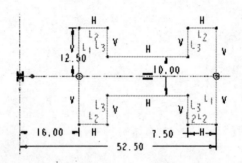

图2-31　旋转草图设置及旋转截面

设置旋转角度为360，单击✔完成切除特征，结果见图3-2。

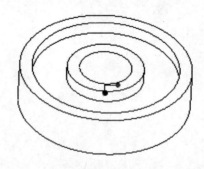

图3-2　旋转结果

② 渐开线

点击基准曲线工具"〜"，从弹出的菜单中选择"从方程"→"完成"，选择"得到坐标系"→"选取"。在模型树中选择系统的坐标系，在弹出的"设置坐标系类型"中选择"笛卡尔"，系

统弹出记事本打开的 rel. ptd 文件,在文件的横线下输入如下的渐开线曲线:

r = 105/2

theta = t * 45

x = r * cos(theta) + r * sin(theta) * theta * pi/180

y = r * sin(theta) − r * cos(theta) * theta * pi/180

z = 0

选择记事本中的"文件"→"保存",关闭 rel. ptd 文件,在"曲线:从方程"窗口中选择"确定",完成渐开线的绘制,结果如图 3-3 所示。

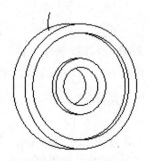

图 3-3　渐开线

③ 拉伸 1

选择"草绘",设置 Front 面为草绘平面,其他的保持系统默认设置,在草绘工具中选择"通过边创建图元▢"选择渐开线和大院的轮廓线,绘制直径为 110,114 的两个圆,如图 3-4 所示;过 φ110 圆与渐开线交点和圆心绘制一条直线,过圆心绘制另一条中心线,两条中心线的夹角为 2.1 度;删除直径为 110 的圆;使用"动态修剪"修剪草图,修剪结果如图 3-5 所示,单击"完成✔"。

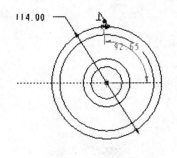

图 3-4　草绘图形

图 3-5　草绘结果

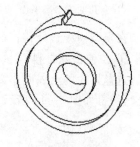

图 3-6　拉伸结果

选择拉伸工具,在控制面板中设置拉伸方式为两侧对称拉伸,拉伸深度为 25,单击"✔",结果如图 3-6 所示。

④ 镜像

在模型树中选择前面生成的渐开线曲线特征,右键单击,选择"隐藏",将渐开线隐藏。

在模型树中,选择第 3 步生成的拉伸特征,选择"镜像",然后选择如贴图 3-7 所示的平面为镜像平面,单击"完成✔",结果如图 3-8 所示。

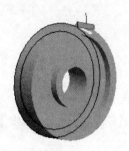
图 3-7 镜像平面

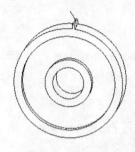
图 3-8 镜像结果

图 3-9 阵列结果

⑤ 阵列

在模型树中选择拉伸 1,镜像 1,单击右键,选择"组"。

选择该组,选择"阵列▦",在操控板中选择"轴",在模型树中选择中心轴线,输入第一方向的阵列个数为 44,单击"阵列角度范围⟋",输入 360,单击✔,结果如图 3-9 所示。

⑥ 孔

选择"孔工具",做径向孔,主参照为 3-10 所示平面,次参照为模型的中心轴线和 Top 平面,距中心轴线的距离为 35,与 Top 面所成的角度为 0 度,孔的直径为 15,孔的方式为通孔。结果如图 3-11 所示。

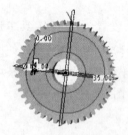
图 3-10 孔的主参照平面

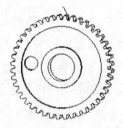
图 3-11 孔结果

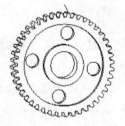
图 3-12 孔阵列结果

在模型树中选择孔特征,对其进行圆周阵列,个数为 4,结果如图 3-12 所示。

⑦ 拉伸去除材料

选择齿轮的上表面作为草绘平面,绘制如图 3-13 所示的草图,然后对其进行拉伸去除材料,结果如图 3-14 所示。

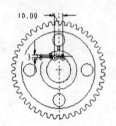
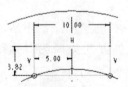
图 3-13 草绘图形

图 3-14 去除材料结果

⑧ 倒圆角

对齿轮的外缝处倒半径为 2 的圆角。保存"largegear. prt"文件。最终的齿轮如图 3 – 15 所示。

图 3 – 15　齿轮

项目 4　轴设计

操作步骤：

(1)创建新文件

单击"文件"工具栏中的 按钮，或者单击【文件】→【新建】，系统弹出"新建"对话框，输入所需要的文件名"lowspeedshaft"，单击确定，系统自动进入零件环境。

(2)零件绘制

① 旋转

选择 Top 面为草绘平面，绘制如图 4-1 所示的草绘图形，单击"完成✔"。

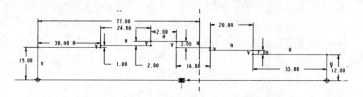

图 4-1　草绘图形

在特征工具栏中选择"旋转"，保持系统默认设置，单击"完成✔"。结果如图 4-2 所示。

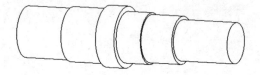

图 4-2　旋转结果

② 拉伸 1

选择"基准平面 "，以 Front 面作为参照，偏移距离为 16，建立平面 DTM1。选择 DTM1 平面作为草绘平面，绘制如图 4-3 所示的草绘图形，单击"完成✔"

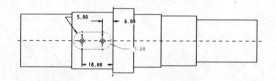

图 4-3　草绘图形

在特征工具栏中选择"拉伸"在操控面板中设置拉伸深度为 5，并选择"去除材料"，单击"完成✔"。结果如图4-4所示。

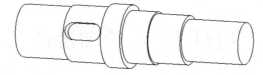

图4-4　拉伸结果

③ 拉伸2

选择"基准平面▱",以Front平面作为参照,偏移距离为12,建立平面DTM2。选择DTM2平面作为草绘平面,绘制如图4-5所示的草绘图形,单击"完成✔"。

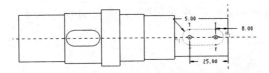

图4-5　草绘图形

在特征工具栏中选择"拉伸▱",在操控面板中设置拉伸深度为5,并选择"去除材料",单击"完成✔"。结果如图4-6所示。

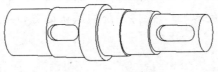

图4-6　拉伸结果

④ 倒角1

选择"倒角",在操控面板中选择"DXD",倒角距离为2。选择如图4-7所示的边线,单击"完成✔",结果如图4-8所示。

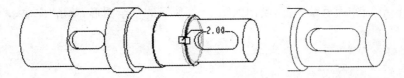

⑤ 倒角2

选择"倒角◣",在操控面板中选择"45XD",倒角距离为1.选择轴两端的外圆先,单击"完成✔",结果如图4-9所示。保存"lowspeedshaf.prt"文件。

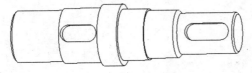

图4-9　倒角2结果

项目 5　齿轮轴设计

操作步骤：

（1）创建新文件

单击"文件"工具栏中的 □ 按钮，或者单击【文件】→【新建】，系统弹出"新建"对话框，输入所需要的文件名"highspeedshaft"单击【确定】，系统自动进入零件环境。

（2）零件绘制

① 旋转 1

选择 Front 面作为草绘平面，绘制如图 5-1 所示的草绘图形，单击"完成 ✔"。

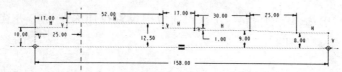

在特征工具栏中选择"旋转 ◌◌"，保持系统的默认设置，单击"完成 ✔"结果如图 5-2 所示。

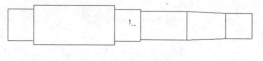

图 5-2　旋转 1 结果

② 旋转 2

选择 Front 面作为草绘平面，绘制如图 5-3 所示的草绘图形，单击"完成 ✔"。

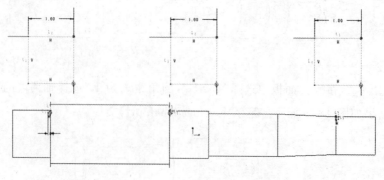

图 5-3　草绘图形

在特征工具栏中选择"旋转 ◌◌"，选择齿轮轴中心轴线作为旋转轴，设置旋转角度为

360,并选择"去除材料 ◇",单击"完成 ✔",结果如图 5 - 4 所示。

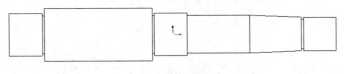

图 5 - 4 旋转 2 结果

③ 倒角 1

选择"倒角 ◇",在操控面板中选择"45XD",倒角距离为 1,选择如图 5 - 5 所示的边线,单击"完成 ✔",结果如图 5 - 6 所示。

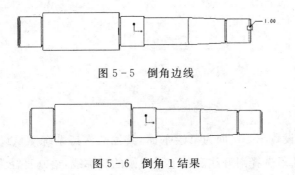

图 5 - 5 倒角边线

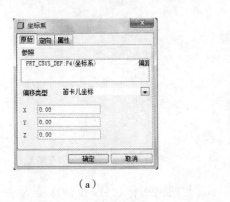

图 5 - 6 倒角 1 结果

④ 坐标系

点击"基准坐标系 ✳✗",系统弹出"坐标系"对话框如图 5 - 7(a)所示,选择第二个标签"定向","定向根据"→"所选坐标系",设置关于 Y 周角度为 90;单击确定,生成坐标系 CSO。

（a） （b）

图 5 - 7 坐标系对话框

⑤ 渐开线

点击基准曲线工具"〜",从弹出的菜单中选择"从方程"→"完成",选择"得到坐标系"→"选取",在模型树中选择系统的坐标系,在弹出的"设置坐标系类型"中选择"笛卡尔",系统弹出记事本打开的 rel. ptd 文件,在文件的横线下输入如下的渐开线曲线:

r = 25/2

theta = r ∗ 60

$x = r * \cos(theta) + r * \sin(theta) * theta * pi/180$

$y = r * \sin(theta) - r * \cos(theta) * theta * pi/180$

z = 0

选择记事本中的"文件"→"保存",关闭 rel. ptd 文件,在"曲线:从方程"窗口中选择"确定",完成渐开线的绘制,结果如图 5－8(b)所示。

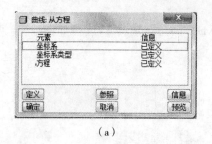 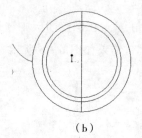

（a）　　　　　　　　　　　　（b）

图 5－8　渐开线

⑥ 拉伸

选择"草绘 ",设置 Right 面为草绘平面,其他的保持系统默认设置,在草绘工具中选择"通过边创建图元 □"选择渐开线和轴上最大圆的轮廓线,绘制直径为 30,34 的两个圆,如图 5－9 所示;过 φ30 圆与渐开线交点和圆心绘制一条中心线,过圆心绘制另一条中心线,两条中心线的夹角为 7.5 度;沿着第 2 条中心线绘制一条直线;删除直径为 30 的圆;使用"动态修剪 "修剪草图,修剪结果如图 5－10 所示,单击"完成 "。

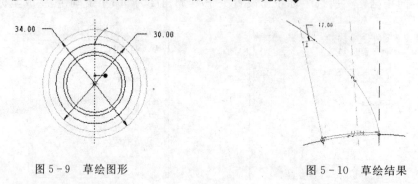

图 5－9　草绘图形　　　　　　　　　　图 5－10　草绘结果

选择拉伸工具,在操控班中设置拉伸方式为两侧对称拉伸,拉伸深度为 36,单击" "。结果如图 5－11 所示。

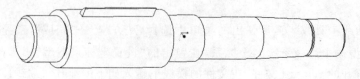

图 5－11　拉伸结果

⑦ 镜像

在模型树中选择前面生成的渐开线曲线特征,右键单击,选择"隐藏",将渐开线隐藏。

在模型树中,选择第 6 步生成的拉伸特征,选择"镜像",然后选择如图 5 - 12 所示的平面为镜像平面,单击"完成✔",结果如图 5 - 13 所示。

图 5 - 12　镜像平面

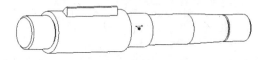

图 5 - 13　镜像结果

⑧ 阵列

在模型树中选择拉伸 1,镜像 1,单击右键,选择"组"。选择该组,选择"阵列▦",在操控板中选择"轴",在模型中选择中心轴线,输入第一方向的阵列个数为 12,单击"阵列角度范围△",输入 360,单击✔,结果如图 5 - 14 所示。

图 5 - 14　阵列结果

⑨ 旋转 3

选择 Top 面作为草绘平面,绘制如图 5 - 15 所示的草绘图形,单击"完成✔"。

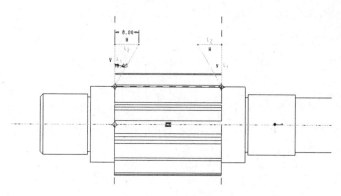

图 5 - 15　草绘图形

在特征工具栏中选择"旋转◌͡◌",选择齿轮轴的中心轴线作为旋转轴,设置旋转角度为

360,并选择"去除材料 🗁",单击"完成 ✔"。结果如图 5-16 所示。保存"chilunzhou.prt"文件。

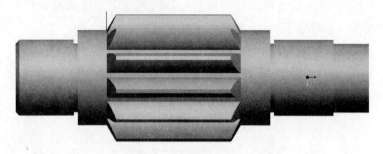

图 5-16 旋转 3 结果

⑩ 修饰

选择"插入"→"修饰"→"螺纹",弹出"修饰:螺纹"的窗口,选择如图 5-17 所示的螺纹曲面和起始曲面,设置螺纹长度为 16,主直径为 14,点击确定,结果如图 5-18 所示。保存"highspeedshaft.prt"文件。

图 5-17 螺纹曲面和起始曲面示意图

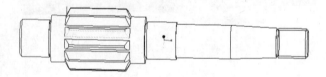

图 5-18 修饰结果

项目 6　大/小轴承设计

操作步骤：

(1)创建新文件

单击"文件"工具栏中的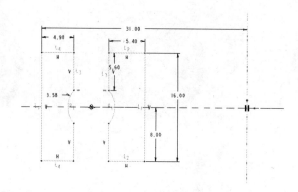按钮，或者单击【文件】→【新建】，系统弹出"新建"对话框，输入所需要的文件名"big_bearing"，单击【确定】，系统自动进入零件环境。

(2)零件绘制

1)大轴承的设计

① 旋转 1

选择 Front 面作为草绘平面，绘制如图 6-1 所示的草绘图形，单击"完成✔"。

图 6-1　草绘图形

在特征工具栏中选择"旋转"，保持系统默认设置，单击"完成✔"。结果如图 6-2 所示。

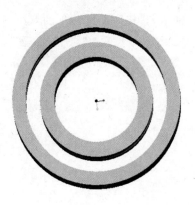

图 6-2　旋转 2 的结果

② 旋转 2

选择 Right 面作为草绘平面,绘制如图 6-3 所示的草绘图形,单击"完成✔"。

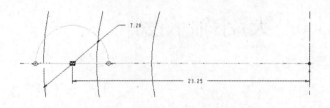

图 6-3　草绘图形　　　　　　　图 6-4　旋转 2 的结果

在特征工具栏中选择"旋转◇",保持系统默认设置,单击"完成✔"。结果如图 6-4 所示。

③ 阵列

在模型树中选择旋转 2,选择"阵列▦",在操控板中选择"轴",在模型中选择中心轴线,输入第一方向的阵列个数为 15,单击"阵列角度范围◢",输入 360,单击✔,结果如图 6-5 所示。

　　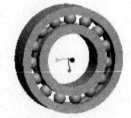

图 6-5　阵列结果　　　　　图 6-6　倒圆角边线　　　　　图 6-7　倒圆角结果

④ 倒圆角

选择"倒圆角◥",在操控面板中输入倒圆角的半径为 1.5. 选择如图 6-6 所示的边线,单击"完成✔",结果如图 6-7 所示。保存"big_bearing.prt"文件。

2)小轴承的设计

① 按照同样的方法设计小轴承,其相应的旋转 1 的草绘图形如图 6-8 所示,结果如图 6-9 所示。

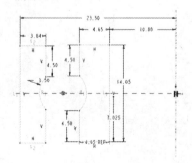　　　　　　　　　

图 6-8　旋转 1 草绘图形　　　　　　　　图 6-9　旋转 1 结果

② 旋转 2 的草绘图形如图 6 - 10 所示,结果如图 6 - 11 所示。

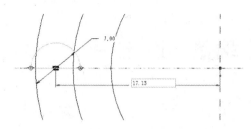

图 6 - 10　旋转 2 草绘图形

图 6 - 11　旋转 2 结果

③ 阵列结果如图 6 - 12 所示。

④ 倒圆角结果如图 6 - 13 所示。保存"small_bearing. prt"文件。

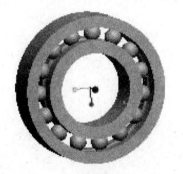

图 6 - 12　阵列结果

图 6 - 13　倒圆角结果

项目 7　大/小端盖 1 设计

操作步骤：

（1）创建新文件

单击"文件"工具栏中的 按钮，或者单击【文件】→【新建】，系统弹出"新建"对话框，输入所需要的文件名"large_lid1"，单击【确定】，系统自动进入零件环境。

（2）零件绘制

1）大端盖 1 的设计

① 旋转

选择 Top 面作为草绘平面，绘制如图 7-1 所示的草绘图形，单击"完成 ✔"。

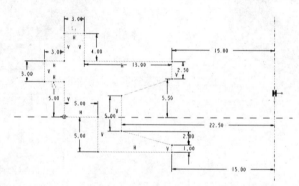

图 7-1　草绘图形

在特征工具栏中选择"旋转 "，保持系统默认设置，单击"完成 ✔"。结果如图 7-2 所示。

图 7-2　旋转结果

② 倒角

选择"倒角 "，在控制面板中选择"45×D"，倒角距离为 2。选择如图 7-3 所示的零件，单击"完成 ✔"，结果如图 7-4。保存"large_lid1.prt"文件。

图 7-3 倒角边线   图 7-4   倒角结果

2)小端盖 1 的设计

利用同样的方法设计小端盖 1。

① 旋转的草绘图形如图 7-5 所示。

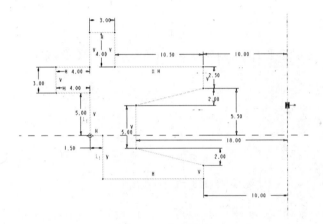

图 7-5   草绘图形

② 倒角边线和倒角结果如图 7-6 所示。保存"small_lidl. prt"文件。

图 7-6   倒角边线和倒角结果

项目8 大/小端盖2设计

操作步骤：

(1)创建新文件

单击"文件"工具栏中的 ▯ 按钮，或者单击【文件】→【新建】，系统弹出"新建"对话框，输入所需要的文件名"large_lid2"，单击【确定】，系统自动进入零件环境。

(2)零件绘制

1)大端盖2的设计

① 旋转

选择 Top 面作为草绘平面，绘制如图8-1所示的草绘图形，单击"完成 ✔"。

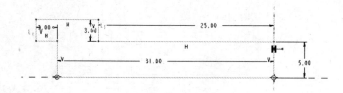

图8-1 草绘图形

在特征工具栏中选择"旋转 ⬡"，保持系统默认设置，单击"完成 ✔"。结果如图8-2所示。

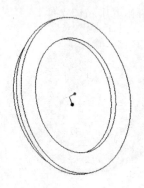 

图8-2 旋转结果

② 倒圆角

选择"倒圆角 ⬡"，在操控面板中输入圆角的半径为1，选择如图8-3所示的边线，单击"完成 ✔"，结果如图8-4。保存"large_lid2.prt"文件。

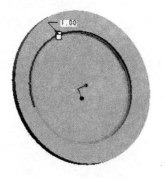

图 8-3　倒圆角边线

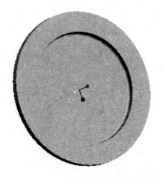

图 8-4　圆角结果

2)小端盖 2 的设计

用同样的方法设计小端盖。

① 旋转的草绘图形如图 8-5 所示。

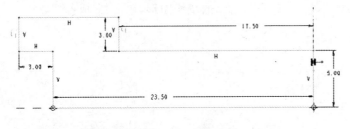

图 8-5　草绘图形

图 8-6　圆角结果

② 倒圆角,圆角半径为 1,结果如图 8-6 所示。保存"small_lid2. prt"文件。

项目9　挡油环设计

操作步骤：

(1)创建新文件

单击"文件"工具栏中的 按钮，或者单击【文件】→【新建】，系统弹出"新建"对话框，输入所需要的文件名"oil_resist"，单击【确定】，系统自动进入零件环境。

(2)零件绘制

旋转

选择 Top 面作为草绘平面，绘制如图9-1所示的草绘图形，单击"完成 ✔"。

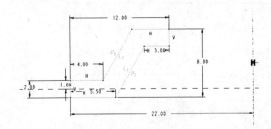

图9-1　草绘图形

图9-2　旋转结果

在特征工具栏中选择"旋转 ◦◦"，保持系统默认设置，单击"完成 ✔"。结果如图9-2所示。保存"oil_resist.prt"文件。

项目 10　调整环设计

操作步骤:

(1)创建新文件

单击"文件"工具栏中的 ▯ 按钮,或者单击【文件】→【新建】,系统弹出"新建"对话框,输入所需要的文件名"shaft_cushion1",单击【确定】,系统自动进入零件环境。

(2)零件绘制

① 拉伸

选择 Front 面作为草绘平面,绘制如图 10-1 所示的草绘图形。

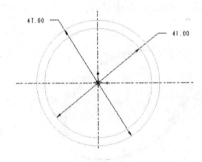

图 10-1　草绘图形

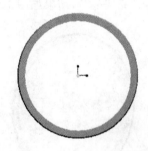

图 10-2　拉伸结果

选择拉伸工具,在操控板中设置拉伸深度为 2,单击 ✔。结果如图 10-2 所示。

② 倒角

选择"倒角 ◥",在控制面板中选择"45XD",倒角距离为 0.4,选择如图 10-3 所示的边线,单击"完成 ✔",结果如图 10-4 所示。保存"shaft_cushion1. prt"文件。

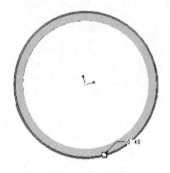

图 10-3　倒角边线

图 10-4　倒角结果

调整环 2 设计：

按照同样的方法设置调整环 2。

(1)拉伸草绘图形如图 10-5 所示,拉伸结果如图 10-6 所示。

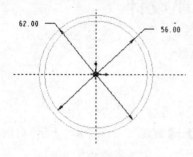

图 10-5　草绘图形

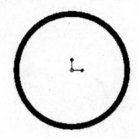

图 10-6　拉伸结果

(2)倒角

选择"倒角 ✎",在操控面板中选择"45XD"。倒角距离为 0.4,选择如图 10-7 所示的边线,单击"完成 ✔",结果如图 10-8 所示。保存"shaft_cushion2.prt"文件。

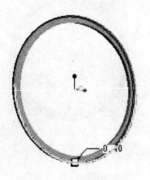

图 10-7　倒角边线

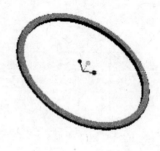

图 10-8　倒角结果

项目 11　视孔盖设计

① 新建"cushion_view. prt"零件文件。

② 拉伸

选择 Top 面作为草绘平面,绘制如图 11-1 所示的草绘图形。

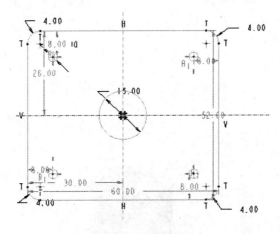

图 11-1　草绘图形

选择拉伸工具,在操控板中设置拉伸深度为 2,单击 ✔。结果如图 11-2 所示。保存"cushion_view. prt"文件。

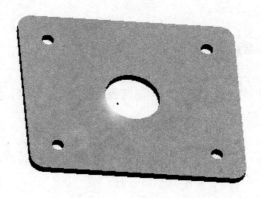

图 11-2　拉伸结果

项目 12　通气塞设计

操作步骤：

(1)创建新文件

单击"文件"工具栏中的▯按钮，或者单击【文件】→【新建】，系统弹出"新建"对话框，输入所需要的文件名"air_plug"，单击【确定】，系统自动进入零件环境。

(1)零件绘制

① 旋转

选择 Front 面为草绘平面，绘制如图 12-1 所示的草绘图形。

图 12-1　草绘图形　　　　　　图 12-2　旋转结果　　　　　图 12-3　拉伸结果

选择旋转工具，接受系统默认设置，单击✔。结果如图 12-2 所示。

② 拉伸

选择旋转 1 的上表面作为草绘平面，绘制直径为 20 的圆，然后对其进行拉伸，拉伸深度为 8，结果如图 12-3 所示。

③ 孔 1(同轴孔)

以旋转 1 的下表面作为主参照，做与旋转 1 的中心轴线同轴的孔，孔的直径为 4，深度为 22，结果如图 12-4 所示。

④ 孔 2(径向孔)

以旋转 1 的侧面作为主参照，次参照为旋转 1 的中心轴线(偏移角度为 0)和拉伸 2 的下表面(偏移距离为 3)，孔的直径为 4，深度方式为通孔，结果如图 12-5 所示。

图 12-4　孔 1 结果

图 12-5　孔 2 结果

⑤ 倒角 1

选择"倒角✏"在操控面板中选择"45×D",倒角的距离为 0.1,选择如图 12-6 所示的边线,单击"完成✔",结果如图 12-7 所示。

图 12-6　倒角 1 边线　图 12-7　倒角 1 结果　图 12-8　倒角 2 边线　图 12-9　倒角 2 结果

⑥ 倒角 2

选择"倒角✏",在操控面板中选择"D1×D2",D2 为 1,D2 为 2.5,选择如图 12-8 所示的边线,单击完成"完成✔",结果如图 12-9 所示。

⑦ 螺旋扫描

选择"插入"→"螺旋扫描"→"切口",弹出"切剪:螺旋扫描"窗口,同时弹出属性菜单管理器,选择"常数,穿过轴,右手定则",点击"完成";选择 Front 面,进入草绘环境,绘制如图 12-10 所示的轨迹,单击✔,设置螺距为 1.5,然后在绘图区十字叉的位置绘制扫描截面,截面如图 12-11 所示。单击✔。最后的扫描结果如图 12-12 所示。

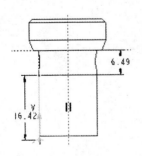

图 12-10　扫描轨迹

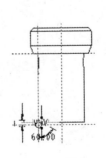 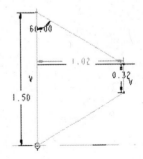

图 12-11　扫描截面

图 12 - 12　螺旋扫描结果

最后保存"air_plug. prt"文件。

项目 13 大螺母设计

操作步骤：

（1）创建新文件夹

单击"文件"工具栏中的 📄 按钮，或者单击【文件】→【新建】，系统弹出"新建"对话框，输入所需要的文件名"big_nut"，单击【确定】，系统自动进入零件环境。

（2）零件绘制

① 拉伸

选择 Top 面为草绘平面，绘制如图 13-1 所示的草绘图形。

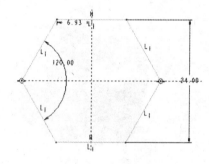

图 13-1　草绘图形

图 13-2　拉伸结果

选择拉伸工具，设置拉伸深度为 14.8，拉伸结果如图 13-2 所示。

② 旋转

选择 Front 面为草绘平面，绘制如图 13-3 所示的草绘图形。

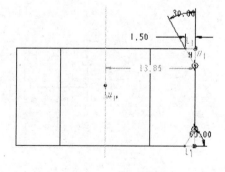

图 13-3　草绘图形

选择旋转工具，在操控面板中设置旋转角度为 360，并选择去除材料，结果如图 13-4 所示。用同样的方法，对另一侧也进行旋转去除材料，结果如图 13-5 所示。

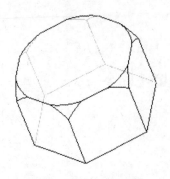

图 13-4 旋转 1 结果

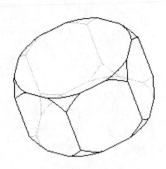

图 13-5 旋转 2 结果

③ 孔

　　设置螺母的上表面为主参照,次参照分别为 Front 平面(偏移距离为 0)和螺母上表面的一边(偏移距离为 12),如图 13-6 所示,设置孔的直径为 15,孔的深度方式为通孔,结果如图 13-7 所示。

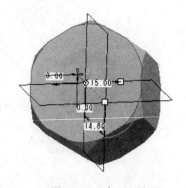

图 13-6 参照示意图

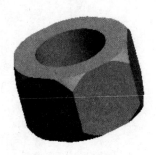

图 13-7 孔结果

④ 螺旋扫描－切口

　　扫描轨迹如图 13-8 所示,扫面截面如图 13-9 所示,螺距设置为 1.5,结果如图 13-10 所示。保存"big_nut.prt"文件。

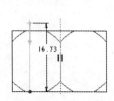

图 13-8 扫描轨迹

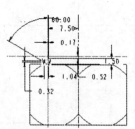

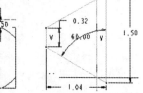

图 13-9 扫描截面

图 13 - 10　螺旋扫描结果

项目 14   螺栓设计

操作步骤：

（1）创建新文件

单击"文件"工具栏中的 按钮，或者单击【文件】→【新建】，系统弹出"新建"对话框，输入所需要的文件名"bolt"，系统自动进入零件环境。

（2）零件绘制

① 拉伸 1

选择 Top 面为草绘平面，绘制直径为 7 的圆，对其进行拉伸，深度设置为 2.6。结果如图 14-1 所示。

图 14-1   拉伸 1 结果

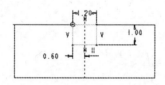

图 14-2   拉伸 2 的草绘图形

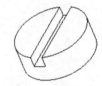

图 14-3   拉伸 2 结果

② 拉伸 2

选择 Rtight 面为草绘平面，绘制如图 14-2 所示的草绘图形，然后对其进行拉伸，设置拉伸深度为 7，拉伸方式为向两侧对称拉伸，并选择去除材料，结果如图 14-3 所示。

③ 旋转

选择 Front 面为草绘平面，绘制如图 14-4 所示的草绘图形，然后选择旋转工具，接受默认的系统设置，结果如图 14-5 所示。

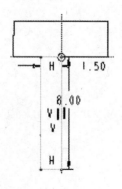

图 14-4   草绘图形

图 14-5   旋转结果

④ 圆角

选择如图 14-6 所示的边线进行倒圆角,圆角半径为 0.5。结果如图 14-7。

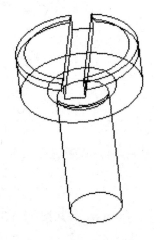

图 14-6　圆角边线

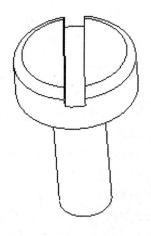

图 14-7　倒圆角结果

⑤ 螺旋扫描—切口

扫描轨迹如图 14-8 所示,扫描截面如图 14-9 所示,螺距设置为 0.5,结果如图 14-10 所示。保存"bolt. prt"文件。

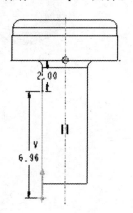

图 14-8　扫描轨迹

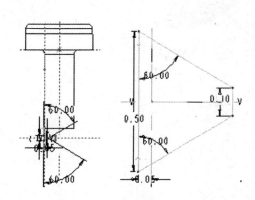

图 14-9　扫描截面

图 14-10　螺旋扫描结果

项目 15 通气垫片设计

① 新建"big_air_cushion.prt"文件

② 拉伸

以 Front 面为草绘平面,绘制直径为 16,26 的两个同心圆,拉伸深度设置为 2,结果如图 15-1 所示。

③ 倒角

选择如图 15-2 所示的边线,倒角类型为 45×D,D 的值为 0.4,结果如图 15-3 所示。保存"big_air_cushion.prt"文件。

   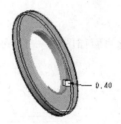   

图 15-1 拉伸结果   图 15-2 倒角边线   图 15-3 倒角结果

项目 16　油塞设计

操作步骤：

(1)创建新文件

单击"文件"工具栏中的 按钮，或者单击【文件】→【新建】，系统弹出"新建"对话框，输入所需要的文件名"oil_plug"，单击【确定】，系统自动进入零件环境。

(2)零件绘制

① 拉伸 1

选择 Top 面为草绘平面，绘制如图 16-1 所示的草绘图形。

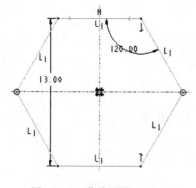

图 16-1　草绘图形

图 16-2　拉伸结果

选择拉伸工具，设置深度为 5.3，拉伸结果如图 16-2 所示。

② 拉伸 2

选择第一步的拉伸的底面为草绘平面，绘制直径为 8 的圆，拉伸深度设置为 8，结果如图 16-3 所示。

图 16-2　拉伸结果

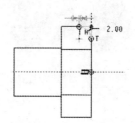

图 16-3　草绘图形

图 16-4　旋转结果

③ 旋转

选择 Right 面为草绘平面，绘制如图 16-3 所示的草绘图形，然后旋转，并选择去除材料,结果如图16-4所示。

④ 倒角

选择如图16-5所示的边线,倒角类型为$45 \times D$,D的值为0.5,结果如图16-6所示。

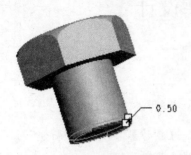

图16-5　倒角边线　　　　　　　　　　　　　　　图16-6　倒角结果

⑤ 螺旋扫描—切口

扫描轨迹如图16-7所示,扫描截面如图16-8所示,螺距设置为1.25,结果如图16-9所示。保存"oil_plug.prt"文件。

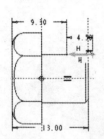

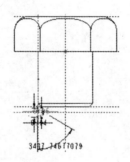

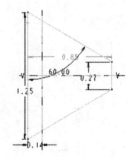

图16-7　扫描轨迹　　　　　　　　　　　　图16-8　扫描截面

图16-9　螺旋扫描结果

项目 17　油塞垫片设计

操作步骤：

① 新建"cushion_screw. prt"文件

② 拉伸

以 Front 面为草绘平面，绘制直径为 16,8.4 的两个同心圆，拉伸深度设置为 1.6，结果如图 17-1 所示。

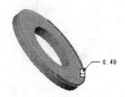

图 17-1　拉伸结果　　　　图 17-2　倒角边线　　　　图 17-3　倒角结果

③ 倒角

选择如图 17-2 所示的边线，倒角类型为 $45 \times D$, D 的值为 0.4，结果如图 17-3 所示。保存"cushion_screw. prt"文件。

项目 18　油面指示片设计

操作步骤：

① 新建"oil_mark. prt"文件

② 拉伸

以 Top 面为草绘平面,绘制直径为 36,15 的两个同心圆,拉伸深度为 6,结果如图 18-1 所示。

图 18-1　拉伸结果　　　　　图 18-2　孔 1 结果　　　　　图 18-3　孔 2 结果

③ 孔 1(径向孔)

以拉伸实体的上表面作为主参照,次参照为实体特征的中心轴线(偏移距离为 12.5)和 Front 面(偏移角度为 0),孔的直径为 3,深度方式为通孔。结果如图 18-2 所示。

④ 孔 2(同轴孔)

以拉伸实体的上表面作为主参照,次参照为孔 1 的中心轴线,孔的直径为 8,深度方式为盲孔(深度为 3)。结果如图 18-3 所示。

⑤ 阵列

按住 Ctrl 键,在模型树中依次选择孔 1 和孔 2,选择"阵列",在操控面板中选择"轴",在模型中选择中心轴线,输入第一方向的阵列个数为 3,单击"阵列角度范围"输入 360,单击，结果如图 18-4 所示。

图 18-4　阵列结果　　　　　图 18-5　倒角边线　　　　　图 18-6　倒角结果

⑥ 倒角

选择如图 18-5 所示的边线,倒角类型为 $45 \times D$, D 值为 0.9,结果如图 18-6 所示,保存"oil_mark. prt"文件。

项目 19　封油垫设计

操作步骤：

① 新建"oil－markcushion. prt"文件

② 拉伸

以 Top 面为草绘平面,绘制直径为 36,15 的两个同心圆,拉伸深度设置为 2,结果如图 19－1 所示。

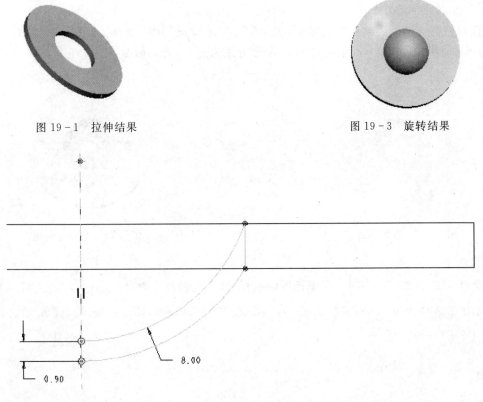

图 19－1　拉伸结果

图 19－3　旋转结果

图 19－2　草绘图形

③ 旋转

选择 Front 面为草绘平面,绘制如图 19－2 所示的草绘图形,然后进行旋转 360 度,结果如图 19－3 所示。

④ 孔 1(径向孔)

以拉伸实体的上表面作为主参照,次参照为实体特征的中心轴线(偏移距离为 12.5)和

Front 面(偏移角度为 0),孔的直径为 3,深度方式为通孔。结果如图 19-4 所示。

图 19-4　孔 1 结果

图 19-5　阵列 1 结果

⑤ 阵列 1

选择孔 1,选择"阵列▦",在操控板中选择"轴",在模型中选择中心轴线,输入第一方向的阵列个数为 3,单击"阵列角度范围△",输入 360,单击✔,结果如图 19-5 所示。

⑥ 孔 2(径向孔)

以拉伸实体的上表面作为主参照,次参照为实体特征的中心轴线(偏移距离为 3.75)和 Front 面(偏移角度为 0),孔的直径为 2,深度方式为通孔,结果如图 19-6 所示。

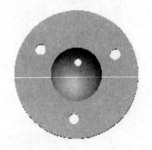

图 19-6　孔 2 结果

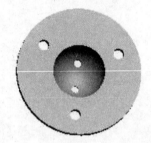

图 19-7　阵列 2 结果

⑦ 阵列 2

选择孔 2,选择"阵列▦",在操控板中选择"轴",在模型中选择中心轴线,输入第一方向的阵列个数为 2,单击"阵列角度范围△",输入 360,单击✔,结果如图 19-7 所示。保存"oil_markcushion. prt"文件。

项目 20　键设计

操作步骤：

① 新建"bond. prt"文件

② 拉伸

以 Top 面为草绘平面，绘制如图 20-1 所示的草绘图形，拉伸深度设置为 8，结果如图 20-2 所示。

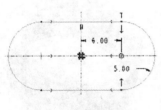

图 20-1　草绘图形

图 20-2　拉伸结果

③ 倒角

选择如图 20-3 所示的边线，倒角类型为 $45 \times D$，D 的值为 0.4，结果如图 20-4 所示。保存"bond. prt"文件。

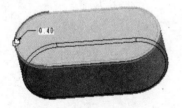

图 20-3　倒角边线

图 20-4　倒角结果

项目 21　低速轴上的套筒设计

操作步骤：

① 新建"sleeve. prt"

② 拉伸

以 Top 面为草绘平面，绘制如图 21-1 所示的草绘图形，拉伸深度设置为 13，结果如图 22-2 所示。保存"sleeve. prt"文件。

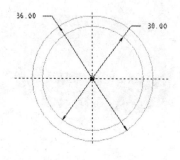

图 21-1　草绘图形

图 21-2　拉伸结果

项目 22　长螺栓设计

操作步骤：

① 新建"long_screw.prt"文件

② 拉伸 1

选择 Top 为草绘平面，绘制如图 22-1 所示的草绘图形，对其进行拉伸，深度设置为 5.3。结果如图 22-2 所示。

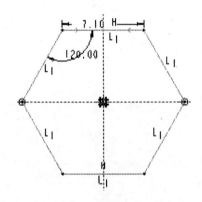

图 22-1　拉伸 1 草绘图形

图 22-2　拉伸 1 结果

③ 拉伸 2

选择拉伸 1 的下表面为草绘平面，绘制直径为 8 的圆，然会对其进行拉伸，设置拉伸深度为 60，结果如图 22-3 所示。

图 22-3　拉伸 2 结果

④ 倒圆角

选择如图 22-4 所示的边线进行倒圆角，圆角半径为 0.4。结果如图 22-5。

图 22-4　倒圆角边线

图 22-5　倒圆角结果

⑤ 旋转

选择 Right 平面作为草绘平面,绘制如图 22-6 所示的草绘图形,然后选择旋转工具,设置旋转角度为 360,并选择去除材料,结果如图 22-7 所示。

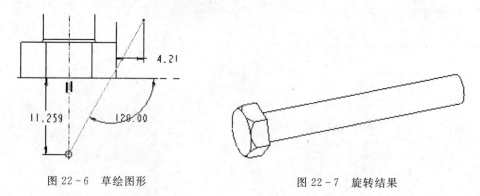

图 22-6　草绘图形　　　　　　　　　　　　图 22-7　旋转结果

⑥ 倒角

选择如图 22-8 所示的边线进行倒角,倒角类型为 $45 \times D$,D 的值为 0.5,结果如图 22-9。

图 22-8　倒角边线

图 22-9　倒角结果

⑦ 螺旋扫描—切口

扫面轨迹如图 22-10 所示,扫描截面如图 22-11 所示,螺距设置为 1.25,结果如图 22-12 所示。保存"long_screw.prt"文件。

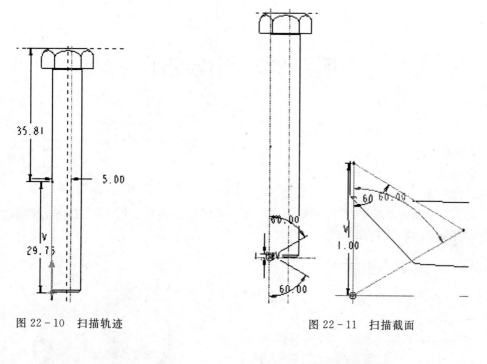

图 22-10　扫描轨迹　　　　　　　　　图 22-11　扫描截面

图 22-12　螺旋扫描结果

项目 23　螺栓设计

操作步骤：

① 新建"screw. prt"文件

② 拉伸 1

选择 Top 面为草绘平面，绘制如图 23-1 所示的草绘图形，对其进行拉伸，深度设置为 5.3。结果如图 23-2 所示。

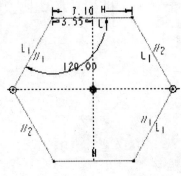

图 23-1　拉伸 1 草绘图形

图 23-2　拉伸 1 结果

③ 拉伸 2

选择拉伸 1 的下表面为草绘平面，绘制直径为 8 的圆，然后对其进行拉伸，设置拉伸深度为 25，结果如图 23-3 所示。

图 23-3　拉伸 2 结果

④ 倒圆角

选择如图 23-4 所示的边线进行倒圆角，圆角半径为 0.4。结果如图 23-5。

⑤ 旋转

选择 Right 平面为草绘平面，绘制如图 23-6 所示的草绘图形，然后选择旋转工具，设置旋转角度为 360，并选择去除材料，结果如图 23-7 所示。

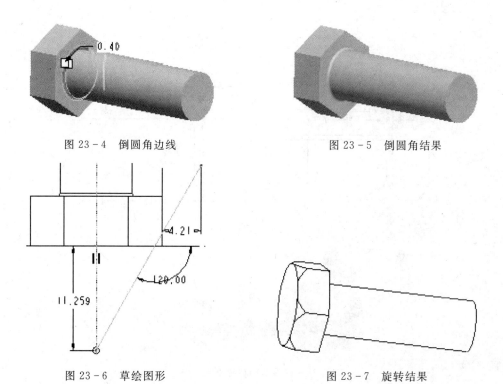

图 23-4 倒圆角边线　　　　　　　　　　图 23-5 倒圆角结果

图 23-6 草绘图形　　　　　　　　　　图 23-7 旋转结果

⑥ 倒角

选择如图 23-8 所示的边线进行倒角,倒角类型为 $45 \times D$, D 的值为 0.5,结果如图 23-9 所示。

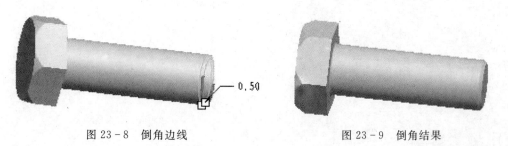

图 23-8 倒角边线　　　　　　　　　　图 23-9 倒角结果

⑦ 螺旋扫描－切口

扫描轨迹如图 23-10 所示,扫描截面如图 23-11 所示,螺距设置为 1.25,结果如图 23-12所示。保存"screw. prt"文件。

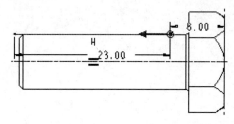

图 23-10 扫描轨迹

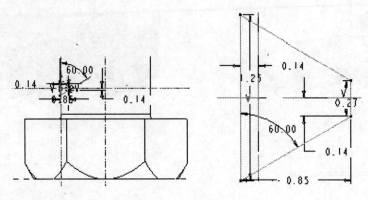

图 23 - 11　扫描截面

图 23 - 12　螺旋扫描结果

项目 24　螺母设计

操作步骤：

(1)创建新文件

单击"文件"工具栏中的 ⬜ 按钮，或者单击【文件】→【新建】，系统弹出"新建"对话框，输入所需要文件名"nut"，单击【确定】，系统自动进入零件环境。

(2)零件的绘制

① 拉伸

选择 TOP 平面作为草绘平面，绘制如图 24-1 所示的草绘图形。

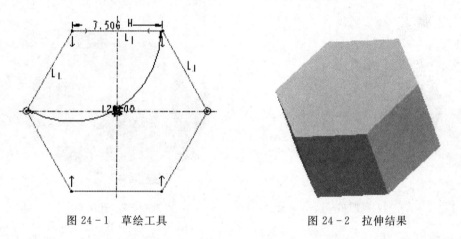

图 24-1　草绘工具　　　　　　　　　　图 24-2　拉伸结果

选择拉伸工具，设置拉伸深度为 7.9，拉伸结果如图 24-2 所示。

② 旋转

选择 Right 面为草绘平面，绘制如图 24-3 所示的草绘图形。

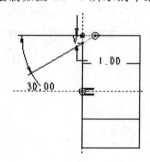

图 24-3　草绘图形

选择旋转工具,在操控面板中设置旋转角度为360,并选择去除材料,如图24-4所示。用同样的方法,对另一侧也进行旋转去除材料,结果如图24-5所示。

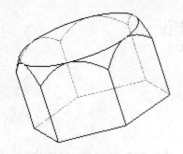

图24-4　旋转1结果

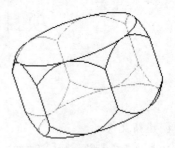

图24-5　旋转2结果

③ 孔

设置螺母的上表面为主参照,次参照示意图如图24-6所示,偏移两边的距离均为6.5,设置孔的直径为8,孔的深度方式为通孔,结果如图24-7所示。

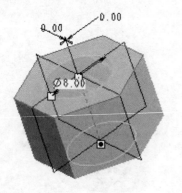

图24-6　参照示意图

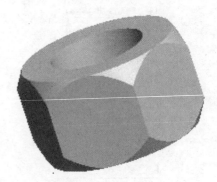

图24-7　孔结果

④ 螺旋扫描-切口

扫描轨迹如图24-8所示,扫描截面如图24-9所示,螺距设为1.25,结果如图24-10所示。保存"nut.Prt"文件。

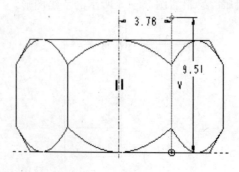

图24-8　扫描轨迹

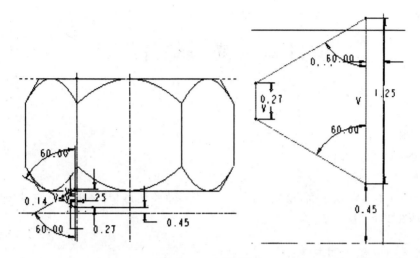

图 24 - 9　扫描截面

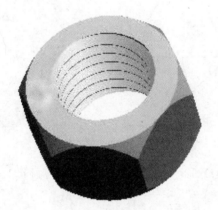

图 24 - 10　螺旋扫描结果

项目 25　螺母垫片设计

操作步骤：

① 新建"cushion_screw"

② 拉伸

选择 Front 面为草绘平面,绘制如图 25-1 所示草绘图形,对其进行拉伸,拉伸深度设为 1.6,结果如图 25-2 所示。

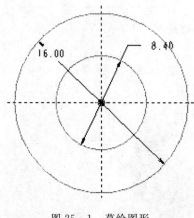

图 25-1　草绘图形

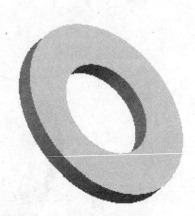

图 25-2　拉伸结果

③ 倒角

选择如图 25-3 所示的边线进行倒角,倒角类型为 $45 \times D$,D 的值为 0.4,结果如图 25-4。保存"cushion_screw"文件。

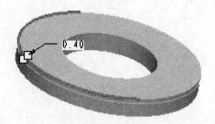

图 25-3　倒角边线

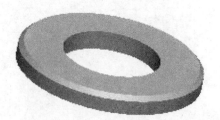

图 25-4　倒角结果

项目 26 销设计

操作步骤：

① 新建"pin.prt"

② 旋转

选择 Top 平面作为草绘平面，绘制如图 26-1 所示的草绘图形，对其进行旋转，旋转角度设置为 360，旋转结果如图 26-2 所示。保存"pin.prt"文件。

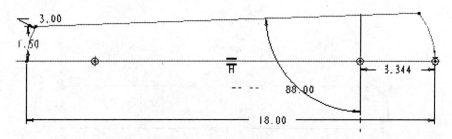

图 26-1 草绘图形

图 26-2 旋转结果

项目 27　大/小密封环设计

操作步骤：

① 新建"seal_loop1. prt"文件

② 旋转

选择 Top 面为草绘平面,绘制如图 27-1 所示的草绘图形,对其进行旋转,旋转角度设置为 360,结果如图 27-2 所示。保存"seal_loop1. prt"文件。

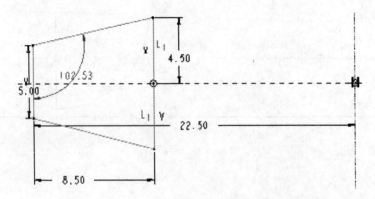

图 27-1　草绘图形

图 27-2　(seal_loop1)旋转结果

同样的方法绘制"seal_loop2",其草绘图形如图 27-3 所示,结果如图 27-4 所示。保存"seal_loop2. prt"文件。

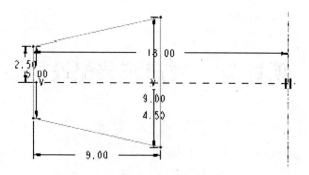

图 27 - 3 草绘图形

图 27 - 4 （seal_loop2)旋转结果

项目 28　减速箱装配设计

28.1　"lowspeedshaft. asm"组件装配

操作步骤:

① 单击"文件"工具栏中的 □ 按钮,或者单击【文件】→【新建】,系统弹出"新建"对话框,在打开的对话框中选择"组件",子类型为"设计",输入所需要的文件名"lowspeedshaft",单击【确定】,系统自动进入组件环境。

② 置入轴

选择"插入"→"元件"→"装配",系统弹出"打开"对话框,选取"lowspeedshaft. prt"文件后,单击【打开】按钮,导入 lowspeedshaft. prt 的数据。结果如图 28-1 所示。

图 28-1　低速轴

③ 置入键

选择"插入"→"元件"→"装配",系统弹出"打开"对话框,选取"bond. prt"文件后,单击【打开】按钮,导入 bond. prt 的数据。

缺省状态下,系统使用的约束方式为"自动",逐次添加如图 28-2 所示的约束参照。系统自动确认约束种类为【匹配】和【插入】。

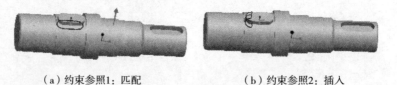

（a）约束参照1: 匹配　　　　　　　　（b）约束参照2: 插入

图 28-2　键的放置约束

完成约束参照添加后,系统显示约束状态为"完全约束",单击 ✔ 按钮,完成键的装配。得到组件如图 28-3 所示。

图 28-3 完成键装配

④ 置入齿轮

选择"插入"→"元件"→"装配",系统弹出"打开"对话框,选取"largegear.prt"文件后单击【打开】按钮,导入 largegear.prt 数据。

缺省状态下,系统使用的约束方式为"自动",逐次添加如图 28-4 所示的约束参照,系统自动确认约束种类为【插入】、【匹配】、【匹配】。

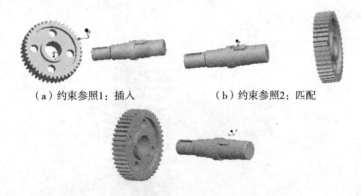

(a)约束参照1:插入   (b)约束参照2:匹配

图 28-4 齿轮的放置约束

完成约束参照添加后,系统显示约束状态为"完全约束",单击按钮,完成齿轮的装配。得到组件如图 28-5 所示。

图 28-5 完成齿轮装配

⑤ 置入套筒

选择"插入"→"元件"→"装配",系统弹出"打开"对话框,选取"sleeve.prt"文件后,单击【打开】按钮,导入 sleeve.prt 的数据。

缺省状态下,系统使用的约束方式为"自动",逐次添加如图 28-6 所示的约束参照。系统自动确认约束种类为【插入】和【匹配】。

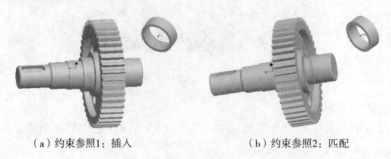

（a）约束参照1：插入 　　　　　　　（b）约束参照2：匹配

图 28-6　套筒的放置约束

完成约束参照添加后，系统显示约束状态为"完全约束"，单击 ✔ 按钮，完成套筒的装配。得到组件如图 28-7 所示。

图 28-7　完成套筒装配

⑥ 置入大轴承 1

选择"插入"→"元件"→"装配"，系统弹出"打开"对话框，选取"big_bearing.prt"文件后，单击【打开】按钮，导入 big_bearing.prt 的数据。

缺省状态下，系统使用的约束方式为"自动"，逐次添加如图 28-8 所示的约束参照。系统自动确认约束种类为【插入】和【匹配】。

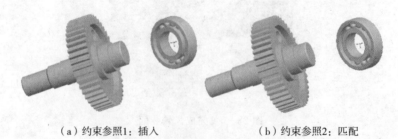

（a）约束参照1：插入 　　　　　　　（b）约束参照2：匹配

图 28-8　大轴承 1 的放置参照

完成约束参照添加后，系统显示约束状态为"完全约束"，单击 ✔ 按钮，完成大轴承 1 的装配。得到组件如图 28-9 所示。

图 28-9   完成大轴承 1 的装配

⑦ 置入大轴承 2

选择"插入"→"元件"→"装配",系统弹出"打开"对话框,选取"big_bearing.prt"文件后,单击【打开】按钮,导入 big_bearing.prt 的数据。

缺省状态下,系统使用的约束方式为"自动",逐次添加如图 28-10 所示的约束参照。系统自动确认约束种类为【插入】和【匹配】。

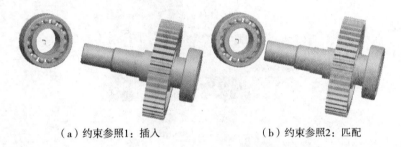

（a）约束参照1：插入   （b）约束参照2：匹配

图 28-10   大轴承 2 的放置参照

完成约束参照添加后,系统显示约束状态为"完全约束",单击 ✔ 按钮,完成大轴承 2 的装配。得到组件如图 28-11 所示。

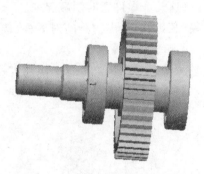

图 28-11   完成大轴承 2 的装配

⑧ 置入大端盖 1

选择"插入"→"元件"→"装配",系统弹出"打开"对话框,选取"large_lidl.prt"文件后,单击【打开】按钮,导入 large_lidl.prt 的数据。

缺省状态下,系统使用的约束方式为"自动",逐次添加如图 28-12 所示的约束参照。

系统自动确认约束种类为【插入】和【匹配】。

（a）约束参照1：插入　　　　　　　　（b）约束参照2：匹配

图 28-12　大端盖 1 的放置参照

完成约束参照添加后,系统显示约束状态为"完全约束",单击 ✔ 按钮,完成大端盖 1 的装配。得到组件如图 28-13 所示。

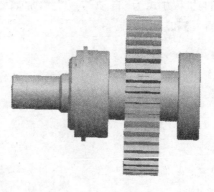

图 28-13　完成大端盖 1 的装配

⑨ 置入密封环 1

在模型树中依次选择 lowspeedshaft,bond,largegear,sleeve,big_gearing,点击鼠标右键,从快捷菜单中选择"隐藏",将这几个零件暂时隐藏起来。

选择"插入"→"元件"→"装配",系统弹出"打开"对话框,选取"lseal_loopl. prt"文件后,单击【打开】按钮,导入 seal_loopl. prt 的数据。

缺省状态下,系统使用的约束方式为"自动",逐次添加如图 28-14 所示的约束参照。系统自动确认约束种类为【插入】和【对齐】,且对齐参照偏距为－1。

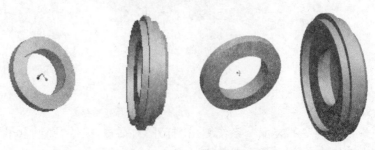

（a）约束参照1：插入　　　　　　（b）约束参照2：对齐（偏距为-1）

图 28-14　密封环 1 的放置参照

完成约束参照添加后,系统显示约束状态为"完全约束",单击✔按钮,完成密封环 1 的装配。得到组件如图 28-15 所示。

然后将前面隐藏的零件"取消隐藏"。

图 28-15　密封环 1 的装配

28.2　"higspeedshaft. asm"组件组装

操作步骤:

① 单击"文件"工具栏中的　按钮,或者单击【文件】→【新建】,系统弹出"新建"对话框,在打开的对话框中选择"组建",子类型为"设计",输入所需要的文件名"highspeedshaft",单击【确定】,系统自动进入组建环境。

② 置入轴

选择"插入"→"元件"→"装配",系统弹出"打开"对话框,选取"highspeedshaft. prt"文件后,单击【打开】按钮,导入 highspeedshaft. prt 的数据。结果如图 28-16 所示。

图 28-16　高速轴

③ 置入挡油环 1

选择"插入"→"元件"→"装配",系统弹出"打开"对话框,选取"oil_resist. prt"文件后,单击【打开】按钮,导入 oil_resist. prt 的数据。

缺省状态下,系统使用的约束方式为"自动",逐次添加如图 28-17 所示的约束参照。系统自动确认约束种类为【插入】和【匹配】。

完成约束参照添加后,系统显示约束状态为"完全约束",单击✔按钮,完成挡油环 1 的装配。得到组件如图 28-18 所示。

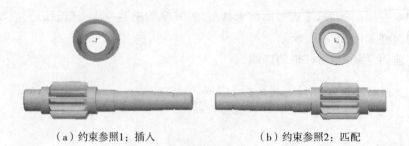

（a）约束参照1：插入　　　　　　　　　　（b）约束参照2：匹配

图 28-17　挡油环 1 的放置参照

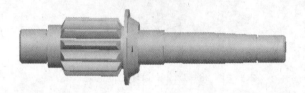

图 28-18　挡油环的装配

④ 置入挡油环 2

选择"插入"→"元件"→"装配"，系统弹出"打开"对话框，选取"oil_resist. prt"文件后，单击【打开】按钮，导入 oil_resist. prt 的数据。

缺省状态下，系统使用的约束方式为"自动"，逐次添加如图 28-19 所示的约束参照。系统自动确认约束种类为【插入】和【匹配】。

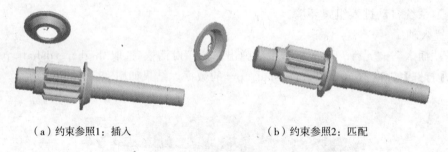

（a）约束参照1：插入　　　　　　　　　　（b）约束参照2：匹配

图 28-19　挡油环 2 的放置参照

完成约束参照添加后，系统显示约束状态为"完全约束"，单击 ✔ 按钮，完成挡油环 2 的装配。得到的组件如图 28-20 所示。

图 28-20　挡油环 2 的装配

⑤ 置入小轴承 1

选择"插入"→"元件"→"装配",系统弹出"打开"对话框,选取"small_bearing. prt"文件后,单击【打开】按钮,导入 small_bearing. prt 的数据。

缺省状态下,系统使用的约束方式为"自动",逐次添加如图 28 - 21 所示的约束参照。系统自动确认约束种类为【插入】和【匹配】。

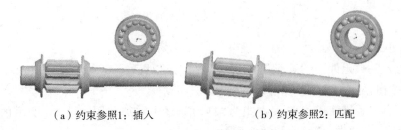

　　（a）约束参照1：插入　　　　　　　（b）约束参照2：匹配

图 28 - 21　小轴承 1 的放置参照

完成约束参照添加后,系统显示约束状态为"完全约束",单击 ✅ 按钮,完成小轴承 1 的装配。得到组件如图 28 - 22 所示。

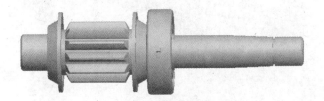

图 28 - 22　小轴承 1 的装配

⑥ 置入小轴承 2

选择"插入"→"元件"→"装配",系统弹出"打开"对话框,选取"small_bearing. prt"文件后,单击【打开】按钮,导入 small_bearing. prt 的数据。

缺省状态下,系统使用的约束方式为"自动",逐次添加如图 28 - 23 所示的约束参照。系统自动确认约束种类为【插入】和【匹配】。

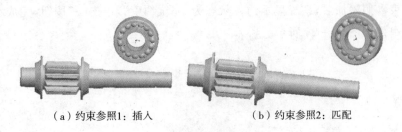

　　（a）约束参照1：插入　　　　　　　（b）约束参照2：匹配

图 28 - 23　小轴承 2 的放置参照

完成约束参照添加后,系统显示约束状态为"完全约束",单击 ✅ 按钮,完成小轴承 2 的装配。得到组件如图 28 - 24 所示。

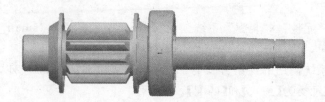

图 28-24 小轴承 2 的装配

⑦ 置入小端盖 1

选择"插入"→"元件"→"装配",系统弹出"打开"对话框,选取"small_lidl. prt"文件后,单击【打开】按钮,导入 small_lidl. prt 的数据。

缺省状态下,系统使用的约束方式为"自动",逐次添加如图 28-25 所示的约束参照。系统自动确认约束种类为【插入】和【匹配】。

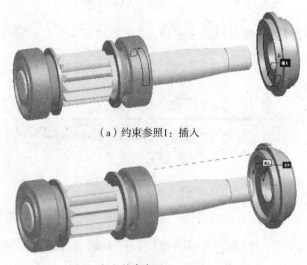

（a）约束参照1：插入

（b）约束参照2：匹配

图 28-25 小端盖 1 的放置参照

完成约束参照添加后,系统显示约束状态为"完全约束",单击 ✔ 按钮,完成小端盖 1 的装配。得到组件如图 28-26 所示。

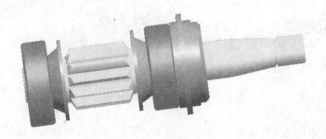

图 28-26 小端盖 1 的装配

⑧ 置入密封圈 2

在模型树中依次选择 highspeedshaft，oil_resist（2 个），small_bearing（2 个）点击鼠标右键，从快捷菜单中选择"隐藏"，将这几个零件暂时隐藏起来。

选择"插入"→"元件"→"装配"，系统弹出"打开"对话框，选取"small_loop2. prt"文件后，单击【打开】按钮，导入 small_loop2. prt 的数据。

缺省状态下，系统使用的约束方式为"自动"，逐次添加如图 28 - 27 所示的约束参照。系统自动确认约束种类为【插入】和【对齐】，且对齐参照偏距为－1。

　　　　（a）约束参照1:插入　　　　　　（b）约束参照2：对齐（偏距-1）

图 28 - 27　密封环 2 的放置参照

完成约束参照添加后，系统显示约束状态为"完全约束"，单击 ✔ 按钮，完成密封环 2 的装配。得到组件如图 28 - 28 所示。然后将前面隐藏的零件进行"取消隐藏"。

图 28 - 28　密封环 2 的装配

28. 3　"bottombox. asm"组件装配

操作步骤：

① 单击"文件"工具栏中的　按钮，或者单击【文件】→【新建】，系统弹出"新建"对话框，在打开的对话康中选择"组件"，子类型为"设计"，输入所需要的文件名"bottombox_asm"，单击【确定】，系统自动进入组建环境。

② 置入下箱体

选择"插入"→"元件"→"装配",系统弹出"打开"对话框,选取"bottombox. prt"文件后,单击【打开】按钮,导入 bottombox. prt 的数据。结果如图 28 - 29 所示。

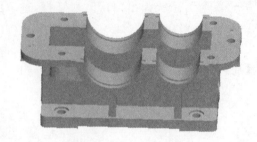

图 28 - 29　下箱体

③ 置入封油垫

选择"插入"→"元件"→"装配",系统弹出"打开"对话框,选取"oil_markcushion. prt"文件后,单击【打开】按钮,导入 oil_markcushion. prt 的数据。

缺省状态下,系统使用的约束方式为"自动",逐次添加如图 28 - 30 所示的约束参照。系统自动确认约束种类为【插入】和【匹配】。

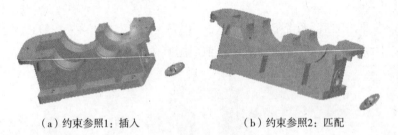

（a）约束参照1: 插入　　　　　（b）约束参照2: 匹配

图 28 - 30　封油垫的放置参照

完成约束参照添加后,系统显示约束状态为"完全约束",单击 ✔ 按钮,完成封油垫的装配。得到组件如图 28 - 31 所示。

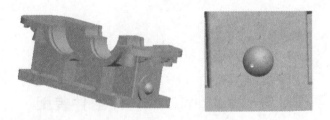

图 28 - 31　封油垫的装配

④ 置入油面指示片

选择"插入"→"元件"→"装配",系统弹出"打开"对话框,选取"oil_mark. prt"文件后,单击【打开】按钮,导入 oil_mark. prt 的数据。

缺省状态下,系统使用的约束方式为"自动",逐次添加如图 28 - 32 所示的约束参照。

系统自动确认约束种类为【插入】和【匹配】。

（a）约束参照1：插入   （b）约束参照2：匹配

图 28 - 32 油面指示片的放置参照

完成约束参照添加后，系统显示约束状态为"完全约束"，单击 ✔ 按钮，完成油面指示片的装配。得到组件如图 28 - 33 所示。

图 28 - 33 油面指示片的装配

⑤ 置入螺栓

选择"插入"→"元件"→"装配"，系统弹出"打开"对话框，选取"bolt. prt"文件后，单击【打开】按钮，导入 bolt. prt 的数据。

缺省状态下，系统使用的约束方式为"自动"，逐次添加如图 28 - 34 所示的约束参照。系统自动确认约束种类为【插入】和【匹配】。

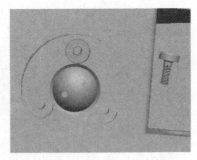

（a）约束参照1：插入   （b）约束参照2：匹配

图 28 - 34 螺栓的放置参照

完成约束参照添加后，系统显示约束状态为"完全约束"，单击 ✔ 按钮，完成螺栓的装配。同样的方法装配另外两个螺栓，最后得到组件如图 28 - 35 所示。

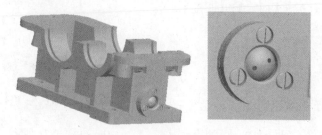

图 28-35　螺栓装配的结果

⑥ 置入油塞垫片

选择"插入"→"元件"→"装配",系统弹出"打开"对话框,选取"cushion_screw. prt"文件后,单击【打开】按钮,导入 cushion_screw. prt 的数据。

缺省状态下,系统使用的约束方式为"自动",逐次添加如图 28-36 所示的约束参照。系统自动确认约束种类为【插入】和【匹配】。

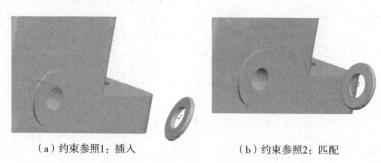

（a）约束参照1：插入　　　　　　　　（b）约束参照2：匹配

图 28-36　油塞垫片的放置参照

完成约束参照添加后,系统显示约束状态为"完全约束",单击 ✔ 按钮,完成油塞垫片的装配。得到组件如图 28-37 所示。

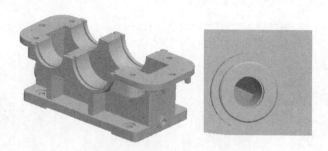

图 28-37　油塞垫片的装配

⑦ 置入油塞

选择"插入"→"元件"→"装配",系统弹出"打开"对话框,选取"oil_plug. prt"文件后,单击【打开】按钮,导入 oil_plug. prt 的数据。

缺省状态下,系统使用的约束方式为"自动",逐次添加如图 28-38 所示的约束参照。系统自动确认约束种类为【插入】和【匹配】。

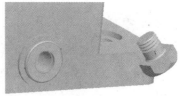

（a）约束参照1：插入   （b）约束参照2：匹配

图 28-38 油塞的放置参照

完成约束参照添加后，系统显示约束状态为"完全约束"，单击 ✔ 按钮，完成油塞的装配。得到组件如图 28-39 所示。

图 28-39 油塞的装配

⑧ 置入大端盖 2

选择"插入"→"元件"→"装配"，系统弹出"打开"对话框，选取"large_lid2. prt"文件后，单击【打开】按钮，导入 large_lid2. prt 的数据。

缺省状态下，系统使用的约束方式为"自动"，逐次添加如图 28-40 所示的约束参照。系统自动确认约束种类为【插入】和【匹配】。

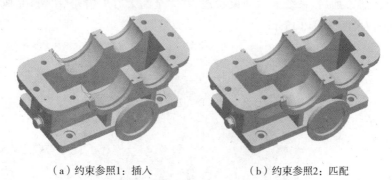

（a）约束参照1：插入   （b）约束参照2：匹配

图 28-40 大端盖 2 的放置参照

完成约束参照添加后，系统显示约束状态为"完全约束"，单击 ✔ 按钮，完成大端盖 2 的装配。得到组件如图 28-41 所示。

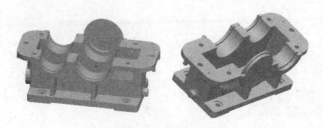

图 28-41　大端盖 2 的装配

⑨ 置入小端盖 2

选择"插入"→"元件"→"装配",系统弹出"打开"对话框,选取"small_lid2.prt"文件后,单击【打开】按钮,导入 small_lid2.prt 的数据。

缺省状态下,系统使用的约束方式为"自动",逐次添加如图 28-42 所示的约束参照。系统自动确认约束种类为【插入】和【匹配】。

（a）约束参照1：插入　　　　　　　（b）约束参照2：匹配

图 28-42　小端盖 2 的放置参照

完成约束参照添加后,系统显示约束状态为"完全约束",单击 ✔ 按钮,完成小端盖 2 的装配。得到组件如图 28-43 所示。

图 28-43　小端盖 2 的装配

⑩ 置入调整环 1

选择"插入"→"元件"→"装配",系统弹出"打开"对话框,选取"shaft_cushion1.prt"文件后,单击【打开】按钮,导入 shaft_cushion1.prt 的数据。

缺省状态下,系统使用的约束方式为"自动",逐次添加如图 28 - 44 所示的约束参照。系统自动确认约束种类为【插入】和【匹配】。

（a）约束参照1：插入　　　　　（b）约束参照2：匹配

图 28 - 44　调整环 1 的放置参照

完成约束参照添加后,系统显示约束状态为"完全约束",单击 ✔ 按钮,完成调整环 1 的装配。得到组件如图 28 - 45 所示。

图 28 - 45　调整环 1 的装配

⑪ 置入调整环 2

选择"插入"→"元件"→"装配",系统弹出"打开"对话框,选取"shaft_cushion2.prt"文件后,单击【打开】按钮,导入 shaft_cushion2.prt 的数据。

缺省状态下,系统使用的约束方式为"自动",逐次添加如图 28 - 46 所示的约束参照。系统自动确认约束种类为【插入】和【匹配】。

完成约束参照添加后,系统显示约束状态为"完全约束",单击 ✔ 按钮,完成调整环 2 的装配。得到组件如图 28 - 47 所示。

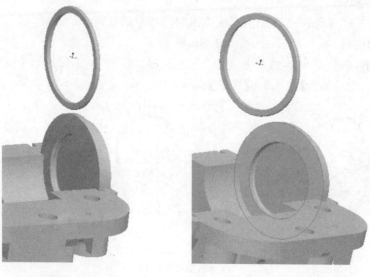

（a）约束参照1：插入　　　　　　　　（b）约束参照2：匹配

图 28－46　调整环 2 的放置参照

图 28－47　调整环 2 的装配

28.4　"upperbox.asm"组件装配

操作步骤：

① 单击"文件"工具栏中的 ▯ 按钮，或者单击【文件】→【新建】，系统弹出"新建"对话框，在打开的对话框中选择"组件"，子类型为"设计"，输入所需要的文件名"upperbox_asm"，单击【确定】，系统自动进入组建环境。

② 置入上箱体

选择"插入"→"元件"→"装配"，系统弹出"打开"对话框，选取"upperbox.prt"文件后，单击【打开】按钮，导入 rpperbox.prt 的数据。结果如图 28－48 所示。

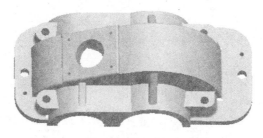

图 28-48　上箱盖

③ 置入视孔盖

选择"插入"→"元件"→"装配",系统弹出"打开"对话框,选取"cushion_view. prt"文件后,单击【打开】按钮,导入 cushion_view. prt 的数据。

缺省状态下,系统使用的约束方式为"自动",逐次添加如图 28-49 所示的约束参照。系统自动确认约束种类为【匹配】和【插入】。

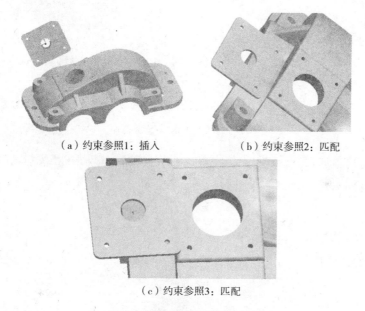

（a）约束参照1：插入　　　　　　（b）约束参照2：匹配

（c）约束参照3：匹配

图 28-49　视孔盖的放置参照

完成约束参照添加后,系统显示约束状态为"完全约束",单击 ✔ 按钮,完成视孔盖的装配。得到的组件如图 28-50 所示。

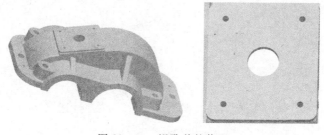

图 28-50　视孔盖的装配

④ 置入通气塞

在模型树中一次选择 upperbox. prt，点击鼠标右键，从快捷菜单中选择"隐藏"，将上箱盖暂时隐藏起来。

选择"插入"→"元件"→"装配"，系统弹出"打开"对话框，选取"air_piug. prt"文件后，单击【打开】按钮，导入 air_piug. prt 的数据。

缺省状态下，系统使用的约束方式为"自动"，逐次添加如图 28 - 51 所示的约束参照。系统自动确认约束种类为【插入】和【对齐】，且对齐参照偏距为 13。

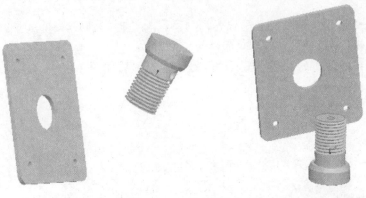

（a）约束参照1：插入　　　　　　（b）约束参照2：对齐（偏距设置为13）

图 28 - 51　通气塞的放置参照

完成约束参照添加后，系统显示约束状态为"完全约束"，单击 ✔ 按钮，完成密通气塞的装配。得到组件如图 28 - 52 所示。

图 28 - 52　通气塞的装配

⑤ 置入通气垫片

选择"插入"→"元件"→"装配"，系统弹出"打开"对话框，选取"big_air_cushion. prt"文件后，单击【打开】按钮，导入 big_air_cushion. prt 的数据。

　　缺省状态下,系统使用的约束方式为"自动",逐次添加如图 28 - 53 所示的约束参照。系统自动确认约束种类为【插入】和【匹配】。

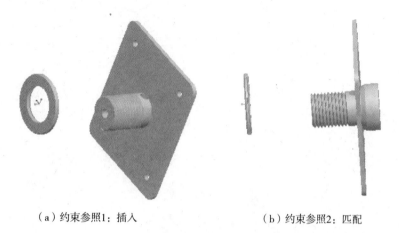

（a）约束参照1：插入　　　　　　　　　　（b）约束参照2：匹配

图 28 - 53　通气垫片的放置参照

　　完成约束参照添加后,系统显示约束状态为"完全约束",单击 ✔ 按钮,完成通气垫片的装配。得到组件如图 28 - 54 所示。

图 28 - 54　通气垫片的装配

⑥ 置入螺栓

　　选择"插入"→"元件"→"装配",系统弹出"打开"对话框,选取"bolt. prt"文件后,单击【打开】按钮,导入 bolt. prt 的数据。

　　缺省状态下,系统使用的约束方式为"自动",逐次添加如图 28 - 55 所示的约束参照。系统自动确认约束种类为【插入】和【匹配】。

　　完成约束参照添加后,系统显示约束状态为"完全约束",单击按钮,完成通螺栓的装配。按照同样的方法,装配其他三个螺栓,得到组件如图 28 - 56 所示。

　　然后将前面隐藏的零件进行"取消隐藏",结果如图 28 - 57 所示。

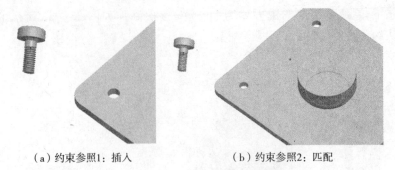

（a）约束参照1：插入　　　　　　　　（b）约束参照2：匹配

图 28-55　螺栓的放置参照

图 28-56　螺栓的装配

图 28-57　装配结果

28.5　"total. asm"组件装配

操作步骤：

① 单击"文件"工具栏中的按钮，或者单击【文件】→【新建】，系统弹出"新建"对话框，在打开的对话框中选择"组件"，子类型为"设计"，输入所需要的文件名"total. asm"，单击【确定】，系统自动进入组建环境。

② 置入 bottombox. asm

选择"插入"→"元件"→"装配"，系统弹出"打开"对话框，选取"bottombox. prt"文件后，单击【打开】按钮，导入 bottombox. prt 的数据。结果如图 28 - 58 所示。

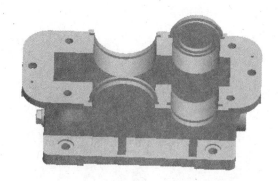

图 28 - 58　置入 bottombox. asm

③ 置入 lowspeedshaft. asm

选择"插入"→"元件"→"装配"，系统弹出"打开"对话框，选取"lowspeedshaft. prt"文件后，单击【打开】按钮，导入 lowspeedshaft. prt 的数据。

缺省状态下，系统使用的约束方式为"自动"，逐次添加如图 28 - 59 所示的约束参照。系统自动确认约束种类为【插入】和【匹配】。

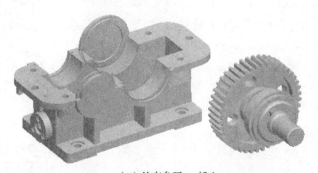

（a）约束参照1：插入

（b）约束参照2：匹配

图 28 - 59　lowspeedshaft. asm 的放置参照

完成约束参照添加后,系统显示约束状态为"完全约束",单击 ✔ 按钮,完成 lowspeedshaft. prt 的装配。得到组件如图 28-60 所示。

图 28-60 lowspeedshaft. asm 的装配

④ 置入 highspeedshaft. asm

选择"插入"→"元件"→"装配",系统弹出"打开"对话框,选取"highspeedshaft. prt"文件后,单击【打开】按钮,导入 highspeedshaft. prt 的数据。

缺省状态下,系统使用的约束方式为"自动",逐次添加如图 28-61 所示的约束参照。系统自动确认约束种类为【插入】和【匹配】。

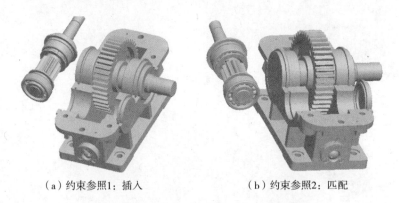

(a) 约束参照1:插入　　　　　(b) 约束参照2:匹配

图 28-61 highspeedshaft. asm 的放置参照

完成约束参照添加后,系统显示约束状态为"完全约束",单击 ✔ 按钮,完成 highspeedshaft. prt 的装配。得到组件如图 28-62 所示。

⑤ 置入 upperbox. asm

选择"插入"→"元件"→"装配",系统弹出"打开"对话框,选取"upperbox. prt"文件后,单击【打开】按钮,导入 upperbox. prt 的数据。

缺省状态下,系统使用的约束方式为"自动",逐次添加如图 28-63 所示的约束参照。

图 28-62　highspeedshaft. asm 的装配

系统自动确认约束种类为【匹配】和【插入】。

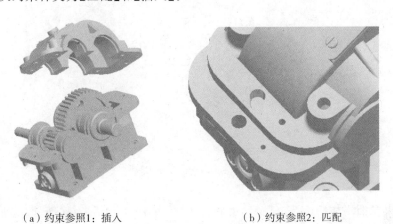

（a）约束参照1：插入　　　　　　　（b）约束参照2：匹配

图 28-63　upperbox. asm 的放置参照

完成约束参照添加后，系统显示约束状态为"完全约束"，单击 ✔ 按钮，完成 upperbox. prt 的装配。得到组件如图 28-64 所示。

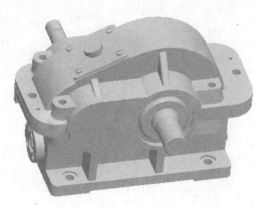

图 28-64　upperbox. asm 的装配

28.6　置入销

操作步骤：

选择"插入"→"元件"→"装配"，系统弹出"打开"对话框，选取"pin. prt"文件后，单击【打开】按钮，导入 pin. prt 的数据。

缺省状态下，系统使用的约束方式为"自动"，逐次添加如图 28 - 65 所示的约束参照。系统自动确认约束种类为【插入】和【相切】。

（a）约束参照1：插入　　　　　（b）约束参照2：匹配

图 28 - 65　销的放置参照

完成约束参照添加后，系统显示约束状态为"完全约束"，单击 ✔ 按钮，完成销的装配。得到组件如图 28 - 66 所示。同样的方法，装配另外一侧的销。

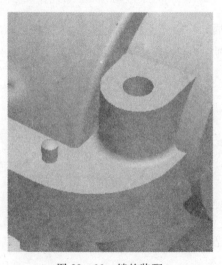

图 28 - 66　销的装配

28.7　置入螺栓

操作步骤：

选择"插入"→"元件"→"装配"，系统弹出"打开"对话框，选取"screw. prt"文件后，单击【打开】按钮，导入 screw. prt 的数据。

缺省状态下，系统使用的约束方式为"自动"，逐次添加如图 28 - 67 所示的约束参照。系统自动确认约束种类为【插入】和【匹配】。

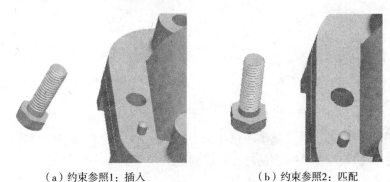

　　（a）约束参照1：插入　　　　　　　　（b）约束参照2：匹配

图 28 - 67　螺栓的放置参照

完成约束参照添加后，系统显示约束状态为"完全约束"，单击 ✔ 按钮，完成销的装配。同样的方法，装配另外一侧的螺栓。得到组件如图 28 - 68 所示。

图 28 - 68　螺栓的装配

28.8　置入螺母垫片

操作步骤：

选择"插入"→"元件"→"装配"，系统弹出"打开"对话框，选取"cushion_screw. prt"文件后,单击【打开】按钮,导入 cushion_screw. prt 的数据。

缺省状态下,系统使用的约束方式为"自动",逐次添加如图 28 - 69 所示的约束参照。系统自动确认约束种类为【插入】和【匹配】。

（a）约束参照1：插入   （b）约束参照2：匹配

图 28 - 69　螺母垫片的放置参照

完成约束参照添加后,系统显示约束状态为"完全约束",单击 ✔ 按钮,完成螺母垫片的装配。同样的方法,装配另外一侧的垫片。得到的组件如图 28 - 70 所示。

 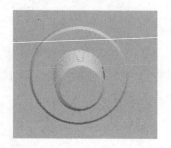

图 28 - 70　螺母垫片的装配

28.9　置入螺母

操作步骤:

选择"插入"→"元件"→"装配",系统弹出"打开"对话框,选取"nut. prt"文件后,单击【打开】按钮,导入 nut. prt 的数据。

缺省状态下,系统使用的约束方式为"自动",逐次添加如图 28 - 71 所示的约束参照。系统自动确认约束种类为【插入】和【匹配】。

完成约束参照添加后,系统显示约束状态为"完全约束",单击 ✔ 按钮,完成螺母的装配。同样的方法,装配另外一侧的螺母。得到组件如图 28 - 72 所示。

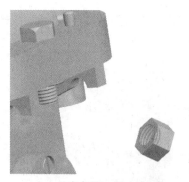

（a）约束参照1：插入　　　　　　　　（b）约束参照2：匹配

图 28 - 71　螺母的放置参照

图 28 - 72　螺母的装配

28.10　置入长螺栓

操作步骤：

选择"插入"→"元件"→"装配"，系统弹出"打开"对话框，选取"long_screw.prt"文件后，单击【打开】按钮，导入 long_screw.prt 的数据。

缺省状态下，系统使用的约束方式为"自动"，逐次添加如图 28 - 73 所示的约束参照。系统自动确认约束种类为【插入】和【匹配】。

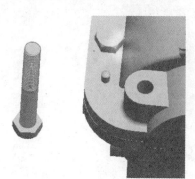

（a）约束参照1：插入　　　　　　　　（b）约束参照2：匹配

图 28 - 73　长螺栓的放置参照

完成约束参照添加后，系统显示约束状态为"完全约束"，单击 ✔ 按钮，完成长螺栓的装配。同样的方法，装配另外四侧的长螺栓。得到组件如图 28-74 所示。

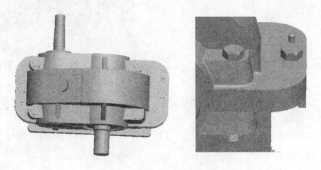

图 28-74　长螺栓的装配

用同样的方法将 4 个垫片和 4 个螺母进行装配，结果如图 28-75 所示。

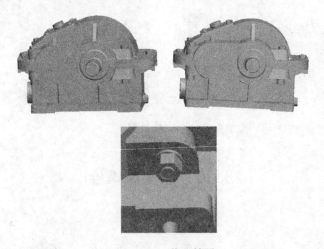

图 28-75　装配结果

保存"total. asm"文件。总装图如图 28-76 所示。

图 28-76　总装图

参考文献

[1] 孙海波,陈功. Pro/ENGINEER WildFire 4.0 三维造型及应用. 南京:东南大学出版社,2008

[2] 孙小捞,邱玉江. Pro/ENGINEER Wildfire 4.0 中文版教程(第 2 版). 北京:人民邮电出版社,2010

[3] 钟日铭. Pro/ENGINEER Wildfire5.0 从入门到精通(第 2 版). 北京:机械工业出版社,2010

[4] 丁淑辉. Pro/Engineer Wildfire 5.0 基础设计与实践. 北京:清华大学出版社,2010

[5] 张忠林. Pro/Engineer 野火版 5.0 实用教程. 北京:电子工业出版社,2013

[6] 唐增宝. 机械设计课程设计(第 4 版). 武汉:华中科技大学出版社,2012

[7] 柴鹏飞,王晨光. 机械设计课程设计指导书(第 2 版). 北京:机械工业出版社,2012

[8] 赵大兴,高成慧,谢跃进. 现代工程图学教程(第六版). 武汉:湖北科学技术出版社,2009

[9] 何铭新,钱可强. 机械制图(第五版). 北京:高等教育出版社,2010